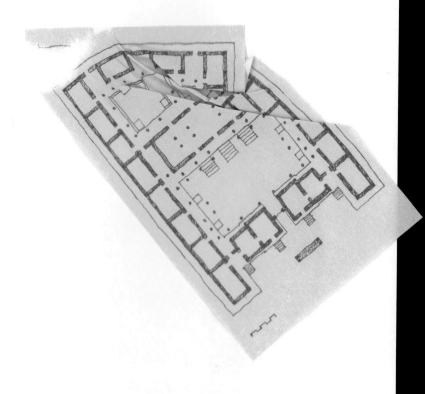

主 编：陈 恒 孙 逊

光启文库

光启随笔

光启文库

光启随笔　　光启讲坛
光启学术　　光启读本
光启通识　　光启译丛

主　编：陈　恒　孙　逊

学术支持：上海师范大学光启国际学者中心

责任编辑：施帼玮
装帧设计：纸想工作室

浮生·建筑

阮 昕 著

商务印书馆
The Commercial Press

2020 年·北京

图书在版编目（CIP）数据

浮生·建筑 / 阮昕著. — 北京：商务印书馆, 2020
（光启文库）
ISBN 978 - 7 - 100 - 18002 - 3

Ⅰ. ①浮… Ⅱ. ①阮… Ⅲ. ①建筑艺术 — 对比研究 — 中国、西方国家 — 文集 Ⅳ. ①TU-862

中国版本图书馆 CIP 数据核字（2019）第281077号

浮 生·建 筑
阮 昕 著

商 务 印 书 馆 出 版
（北京王府井大街36号 邮政编码 100710）
商 务 印 书 馆 发 行
山 东 临 沂 新 华 印 刷 物 流
集 团 有 限 责 任 公 司 印 刷
ISBN 978 - 7 - 100 - 18002 - 3

2020年1月第1版　　开本 889×1194　1/32
2020年1月第1次印刷　　印张 7
定价: 42.00元

出版前言

梁启超在《清代学术概论》中认为，"自明徐光启、李之藻等广译算学、天文、水利诸书，为欧籍入中国之始，前清学术，颇蒙其影响"。梁任公把以徐光启（1562—1633）为代表追求"西学"的学术思潮，看作中国近代思想的开端。自徐光启以降数代学人，立足中华文化，承续学术传统，致力中西交流，展开文明互鉴，在江南地区开创出海纳百川的新局面，也遥遥开启了上海作为近现代东西交流、学术出版的中心地位。有鉴于此，我们秉承徐光启的精神遗产，发扬其经世致用、开放交流的学术理念，创设"光启文库"。

文库分光启随笔、光启学术、光启通识、光启讲坛、光启读本、光启译丛等系列；努力构筑优秀学术人才集聚的高地、思想自由交流碰撞的平台，展示当代学术研究的成果，大力引介国外学术精品。如此，我们既可在自身文化中汲取养分，又能以高水准的海外成果丰富中华文化的内涵。

文库推重"经世致用"，即注重文化的学术性和实用性，既促进学术价值的彰显，又推动现实关怀的呈现。文库以学术为第一要义，所选著作务求思想深刻、视角新颖、学养深厚；同时也注重实用，收录学术性与普及性皆佳、研究性与教学性兼顾、传承性与创新性俱备的优秀著作。以此，关注并回应重要时代议题与思想命题，推动中华文化的创造性转化与创新性发展，在与国外学术的交流对话中，努力打造和呈现具有中国特色的价值观念、思想文化及话语体系，为夯实文化软实力的根基贡献绵薄之力。

文库推动"东西交流"，即注重文化的引入与输出，促进双向的碰撞与沟通，既借鉴西方文化，也传播中国声音，并希冀在交流中催生更绚烂的精神成果。文库着力收录西方古今智慧经典和学术前沿成果，推动其在国内的译介与出版；同时也致力收录汉语世界优秀专著，促进其影响力的提升，发挥更大的文化效用；此外，还将整理汇编海内外学者具有学术性、思想性的随笔、讲演、访谈等，建构思想操练和精神对话的空间。

我们深知，无论是推动文化的经世致用，还是促进思想的东西交流，本文库所能贡献的仅为涓埃之力。但若能成为一脉细流，汇入中华文化发展与复兴的时代潮流，便正是秉承光启精神，不负历史使命之职。

文库创建伊始，事务千头万绪，未来也任重道远。本文库涵盖文学、历史、哲学、艺术、宗教、民俗等诸多人文学科，需要不同学科背景的学者通力合作。本文库综合著、译、编于一体，也需要多方助力协调。总之，文库的顺利推进绝非仅靠一己之力所能达成，实需相关机构、学者的鼎力襄助。谨此就教于大方之家，并致诚挚谢意。

清代学者阮元曾高度评价徐光启的贡献，"自利玛窦东来，得其天文数学之传者，光启为最深。……近今言甄明西学者，必称光启"。追慕先贤，知往鉴今，希望通过"光启文库"的工作，搭建东西文化会通的坚实平台，矗起当代中国学术高原的瞩目高峰，以学术的方式阐释中国、理解世界，让阅读与思索弥漫于我们的精神家园。

上海师范大学光启国际学者中心

2017年3月

序　言

这本小书以建筑为借口，写一个人生的问题。人渴望定居可以说是与生俱来；同时，人总还是向往，甚至追求游牧般的自由。建筑作为可令人安居的根本手段应是不争的事实，于是从本质而言建筑是一门"保守"的艺术。不过这并不意味着在建筑中完全没有幻想"浮生"的空间。在人类历史的长河中，建筑其实一直被用来摆平安居与浮生的矛盾。

按照以上来推论，建筑即成了人生的一个工具。可是当某一工具变得太犀利且又有效时，人便不由自主地依赖工具，任其摆布而懒得做主了。建筑在印欧文明中居然变得如此强势：因其永久性和纪念性，简直就成了人祈望流芳百世的物化。在中国文明里，建筑的地位比较暧昧，应该说从未由"器"上升到"道"的地位。国人称"道"为"形而上"，倒是方便我们看破中西建筑之别，因为国人以为技艺（人生亦如此）的最高境界是"大象无形"。

到了近现代，建筑在中国文化、社会里的地位与日俱增。效仿西方，建筑成为高等学堂里的一门学科。现代人对"浮生"的求索，体现于建筑上，仍然是外面精彩纷呈的世界令待在屋内的人"分心"。西方人曾以建筑为"内心世界"筑起坚强堡垒。现如今，无论中西，"由分心中分心出来而造成的分心"（诗人 T. S. 艾略特之语：distracted from distraction by distraction）已是常态。于是这本小书回到建筑，非常随机而零星地通过建筑的物、人与事，围绕"浮生"与"建筑"这对亘古不变的矛盾，对人珍贵的内心世界和外界的分心做些眉批。

阮　昕

2019年1月19日盛夏于对跖之乡

目录

序　言　　　　　　　　　　　　　　　　1

浮生·建筑（上篇）　　　　　　　　　1

浮生·建筑（中篇）　　　　　　　　　29

浮生·建筑（下篇）　　　　　　　　　57

建筑历史与人学　　　　　　　　　　103

获奖·建筑　　　　　　　　　　　　117

无用之用　　　　　　　　　　　　　135

文化人类学与传统民居　　　　　　　153

伍重真想现代吗？　　　　　　　　　175

致　谢　　　　　　　　　　　　　　211

浮生·建筑
——有关水平与垂直的猜想（上篇）

　　浮生与建筑是一对永久的矛盾。人的心灵深处总有浮生之愿望，即现今所谓"对自由之向往"矣。正因为人思浮生，而建筑让人安居乐业，于是建筑成为一门"保守"艺术。对基督徒而言，浮生的终极即是在天堂自由自在之永生，于是圣保罗（Saint Paul）将凡人之屋——建筑的原型——颇为看淡：

> 我们所应审视的不是显象，而是隐象，因为显见之物瞬间即逝，而隐而不露之物方为永恒。[1]
>
> 我们深知，如果我们在人间凡世之居所化解于土，我们

1　"While we look not at the things which are seen, but at the things which are not seen: for the things which are seen are temporal; but the things which are not seen are eternal." 本书中引用的英文均由作者译成中文。下同，不再一一注明。

仍拥有一间并非用手而筑，而是悬浮于天堂中的上帝之屋。[1]

虽然有天堂里的永恒之屋，但那毕竟是看不见也摸不着的，而这一介俗生总得在地上人间度过。彻底的浮生必须做到"无家可归"（homeless），以便过一种自由自在的游牧生活（nomadic life）。如此浪漫化的浪迹人生，哪怕是隐士（hermit）或苦行僧（ascetic）亦做不到。佛家不视天堂为终极，佛陀也不是完全无家可言，遮风避雨仍有必要，于是才有简约的棚屋或岩洞。中国人更是极少有弃家而求彻底自由的愿望。庄子云："其生若浮，其死若休。"后世更多强调的是人生短暂，因而有李太白的名句"而浮生若梦，为欢几何"。宋人亦叹人生苦短，浮生若梦，不过出路是淡然物化，超脱能"谈笑于生死之际"。无论如何，保守的住屋于国人而言并不妨碍浮生，关键是如何能"偷得浮生半日闲"。清代沈复与妻陈芸，虽穷困潦倒，却能津津乐道于居家生活之趣，从闺房、闲情、记愁、远足到养生，乐此不疲，居然成书《浮生六记》。如此浮生，显然是以安居为前提，离无家的自由与天堂的终极相差甚远。现代学者钱锺书"不很喜欢"此书，或许是因为沈复将"浮生"过分世俗化，令古人浪荡与超然的影子所剩无几了，书名与内容似乎有点口是心非的嫌疑。在依赖建筑安居的同时，人渴望浮生之念如何得以满足呢？

1　"For we know that if our earthly house of this tabernacle were dissolved, we have a building of God, a house not made with hands, eternal in the heavens." Corinthians, 4.18−5.1.

天地之屋

当造屋成为一门艺术之时，浮生与建筑间的矛盾被人巧妙协调成为天地之屋，于是合院的形制就出现了。合院在古代社会普遍存在，在此略举两例：古代西方地中海文明与中国古代文明都琢磨出合院，但是与西方文明正好相反，中国文明有一个令人不解之谜：自从其文明思想之基石在古代的"黄金时期"打造成形之后，中国人的世界观从未发生过根本改变。换成西方现代的表述，可以说数千年来中国人对理想生活（the good life）的标准没有做过翻天覆地的修正。大约在公元前4世纪到公元后2世纪的五百年间，希腊人及步其后尘的罗马人，还有中国人不约而同地举头望天：他们在寰宇世界里寻找到了混浊人间没有的东西——即简明清晰，并完全可预测的几何美。古代希腊与古代中国或许对彼此略知一二，不过并非了解到可以相互学习的程度。仿佛是远亲，双方彼此隐约知道对方，但没事儿都难得去联系。童寯先生早年讨论中国建筑的外来影响时，开章即断言："早于公元前4世纪，希腊诸国就知道中国的存在，不过他们以为中国仅是以养蚕织丝而闻名。而中国人呢，更是懒得去打听谁用了他们的丝绸。在后期的罗马帝国，中国的丝绸已是以等重的黄金来计价了。"[1]

应该说合院之屋不约而同地出现在古希腊、罗马与中国并不足为奇。中国人尤胜一筹：我们将自己的王城都市也建成宏大的

---

[1] Chuin Tung, "Foreign Influence in Chinese Architecture", in *T'ien Hsia Monthly*, no. 5 (1938).

合院，于是令完美的寰宇世界降临人间。而不同之处在于，古代希腊以及后来的古罗马都利用他们的合院去追求一条"天地世界之轴"（axis-mundi）；而中国人则将"天"拉近人间的合院，以便借此来摆平安居于世俗生活与浮生于寰宇世界的矛盾。中西合院好比孪生的兄弟姐妹，长相虽难辨别，而性格则异。

　　以神屋而言，罗马的万神庙（the Pantheon）是罗马皇帝哈德良（Hadrian）同时敬献给天堂与人间的一首颂歌（图1）。在西方古代虽然诸神众多，天却独需让人敬畏。混凝土穹顶的网格结构，随着圆顶形状令网格尺度逐渐收缩而趋向通天的圆孔——即"天眼"（oculus）。这个两千年来一直是世界上跨度最大的混凝土穹顶，在一个当代哲学家的幻觉中脱颖而出的竟是一群飞向天堂的天使。[1] 古罗马合院（domus）中的中庭（atrium），狭窄而朝向上天，这在本质上与万神庙如出一辙（图2）。雨、雪，偶尔还有冰雹，从通天的圆孔降临。这是一种神圣崇高之美。时至今日，每当基督圣灵降临之节日（Pentecost），一片片鲜红的玫瑰花瓣仍从万神庙的"天眼"倾泻而下，如同圣灵显灵。17世纪的一位英国激进的清教徒（Puritan sect）杰拉德·温斯坦利（Gerrard Winstanley）就西方世界的这种"天地之轴"做过如此总结：

　　　　在人们憧憬幸福或是恐惧死后的地狱之时，仰望苍穹，他们已目不转睛，所见之处已不再是生来具有的权宜，以及

1　Arthur Danto, *Philosophizing Art: Selected Essays*, University of California Press, 1999, p. 198.

图1　罗马万神庙，意大利罗马，阮昕摄

图2 庞贝古城中罗马合院中庭，梅南德宅（House of Menander），阮昕绘

活在人间还能做的事了。[1]

　　此人远在马克思之前就比喻说：宗教犹如给人的鸦片！中国人虽然到19世纪后期对英国人带来的鸦片趋之若鹜，几千年来却没有中毒于西方"天地之轴"的宗教感。而没有类似"垂直"宗教感的中国人对天仅做一番平淡处理。无论在王城、皇宫、寺庙，还是居家合院之内，中国人心目中的"天"远不如西方"天地之轴"那般神圣崇高以及垂直伟岸，而充其量不过是一个影像模糊之天帝。当然四季轮换及日月之历等等一成不变的宇宙万律仍在天控之下。于是无论在王城，还是在民宅之内，上天则成形于宽阔的合院之上了。不过天地平衡而构成的和谐世界基本是倾向世俗人间的。当枫叶随风飘临于皇宫大院时，皇上受天喻而知秋天已至。远在宋代，妇女儿童还将金黄的落叶剪贴在双颊上，以庆丰收（孟元老，《东京梦华录》）。天律，于是通过合院上空界定的一片上天而传递至人间，即皇上与庶民之间的关联。由此看来在中国只需皇帝一人为"天子"，也就足够了。

　　中国人的上天不是一个可以识别的神，而是一种寰宇般的道义秩序。虽然如同希腊罗马诸神，中国人对上天亦存敬畏之心。

1　"While men are gazing up to Heaven, imagining after a happiness, or fearing a Hell after they are dead, their eyes are put out, that they see not what is their birthrights, and what is to be done by them here on Earth while they are living." Gerrard Winstanley, *The Law of Freedom in a Platform*, 1652. London: Printed by J. M. for the author, and are to be sold by Giles Calvert at the Black Spread-Eagle at the west end of Pauls.

如此敬畏对孔子而言则是多具人性化的。中国人上天之形象与存在虽然不甚清晰，不过天绝非不食人间烟火。上天，一言以蔽之，即是自然之律，因而自然而然地要求人需做到仁与义。"子曰：'予欲无言。'子贡曰：'子如不言，则小子何述焉？'子曰：'天何言哉？四时行焉，百物生焉，天何言哉？'"（《论语・阳货第十七》）既然上天已由宽阔之合院上空界定并照顾妥当，就连孔老夫子也觉得无须多言，那么中国人如何做到数千年来在合院里安居乐业而不受过多浮生之念的诱惑呢？让我且就中国合院中的主要元素——屏、门、庭、堂、室——在中文里的喻义做一番回顾。

中国合院入门之前必有一屏，古称萧墙，后称照壁或影壁。荀子曰皇宫方可立屏于宫门外，公子之屏则需设于门内，而《礼记》称大臣之宅只能用帘而已。[1] 傅熹年先生根据陕西岐山凤雏建筑遗址对西周合院的复原证明屏独立于门外（图3）。如果此宅是皇室，该遗址即可用作文字的物证了。那么萧墙何意呢？东汉学者刘熙在《释名》中称"萧"即为"肃"，于是三国时的何晏，以及崔豹在其《古今注》中均提出萧墙之作用，即令臣在见君之前于屏后整戴衣冠，梳理思绪。孔夫子则将萧墙喻为内政了。季氏欲攻颛臾，子叹曰："吾恐季孙之忧，不在颛臾，而在萧墙之内也。"（《论语・季氏第十六》）于是后来有"萧墙之祸"一说。孔夫子强调萧墙以内的稳固与安居应不足为奇，因为安家即是治国

1　《荀子・大略》："天子外屏，诸侯内屏，礼也。"《礼记注疏》郑玄注："天子外屏，诸侯内屏，大夫以帘，士以帷。"

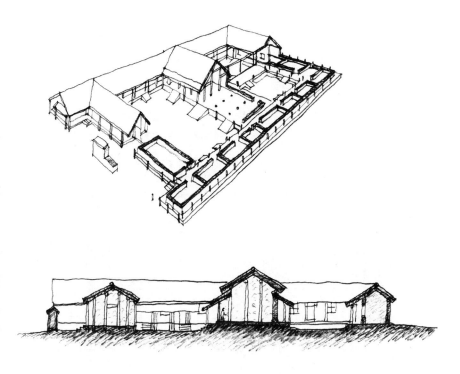

图3　陕西岐山凤雏西周合院复原图，阮昕绘

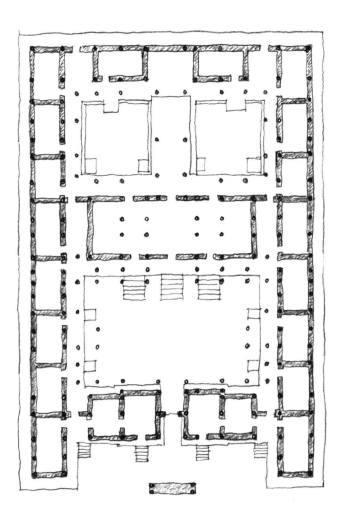

图4　陕西岐山凤雏西周合院平面复原图，阮昕绘

之本，而治国靠的是明君而非王法。

再以凤雏西周合院为例（图4），门屋有三间——为中的明间是门，而两侧则为塾。门之后是庭，庭之后立于台之上则为堂；堂面向庭敞开。左为尊，于是尊客应踏西面台阶升堂，而尊客谦让择东面台阶登堂屋。堂屋侧墙为廉，需正直，于是有"廉正"之说。春秋时人于堂屋内席地而坐。当盲人乐师冕前来造访，孔夫子依堂屋之喻义待冕为尊客："师冕见，及阶，子曰：'阶也。'及席，子曰：'席也。'皆坐，子告之曰：'某在斯，某在斯。'"（《论语·卫灵公第十五》）如此之礼，体现于合院之内，在中国古代应是司空见惯：屏门前止步，绕屏跨门入庭；尊者升堂，卑者留于庭下，于是君于堂内朝臣于庭下，即朝廷之意矣。

庭后之室则连尊客亦不可随便进入。"伯牛有疾，子问之，自牖执其手，曰：'亡之，命矣夫！斯人也而有斯疾也！斯人也而有斯疾也！'"（《论语·雍也第六》）在众多门生中，孔子视伯牛为品德高尚之徒，即便如此，孔夫子仍只是在窗前握住伯牛的手，而不入其室。中国合院之空间序列——先进门，次登堂，最后入室，其中国文化之隐喻在孔夫子点评弟子子路的学问人生态度时一语道破："由也升堂矣，未入于室也。"（《论语·先进第十一》）"升堂入室"于是成为学问人生的最高境界。三千年来，中国合院之形制并未发生任何更变：一个20世纪初的北京四合院与凤雏西周台院如出一辙（图5），难怪中国人数千年来津津乐道于合院之内的人情事故，而无暇过多地仰望苍天、遐思浮生了。

古代罗马的世俗生活与古代中国同样丰富多姿，不过其合院

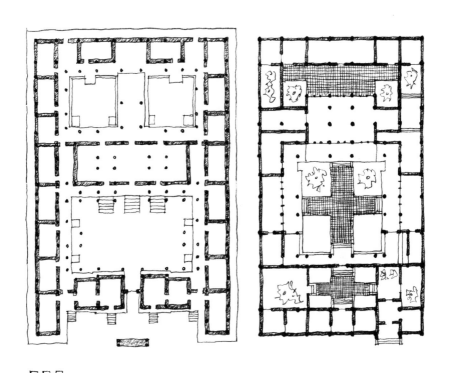

图5 凤雏西周合院与明清四合院平面比较，阮昕绘

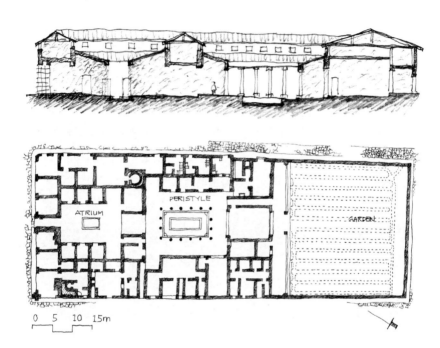

图6 庞贝古城中典型罗马合院，潘萨宅（House of Pansa）剖面与平面，阮昕描绘

宅内已有了"功能"分区（图6）：前院中庭垂直仰天，其实仅有一狭窄通天的"天眼"而已，与现今酒店、商场中宽敞透亮的玻璃天窗中庭没有任何关系（图7）。诸神与祖先都供奉于此。穿过中庭才进到宽阔的花园后院（peristyle）。古罗马人的生活艺术在此展现尽致：花木果树植于其中，殷实之户往往还有妙趣横生的涌泉流水。罗马人建输水道与城市管网工程的超级技艺在此可见一斑（图8）。于是世俗生活之趣——饮宴、待客、取乐（图9）都与仰天敬神的中庭分开了。古代罗马人对"闲暇"（otium）生活之追求不亚于中国人。虽然闲暇的生活只是有地产阶层的特权，因为有地产而无须去经商谋生。不同之处是古罗马的奴隶亦可摇身变为自由人，甚至可通过努力逐渐爬到社会上层。于是在古罗马，权势阶层与市井平民摩肩接踵，不足为奇；原因之一是古代民主，选票须面对面地去拉拢。于是律师官员的合院大宅与平民百姓的陋室彼此为邻。平民往往集中住在类似当今的多层公寓（insula）中。底层的铺面及低层的公寓，因为方便和较好的卫生条件，则贵于顶层的房间（图10）。古代罗马的平民大概做梦也无法预见到现如今顶层的"全景"公寓竟成了富贵权势阶层的象征。古人一定疑惑：宅院何需取景？难道仰视苍穹仍不够吗？

后来中国与西方以建筑求浮生则大相径庭了，其实这早已在古代合院的微差之处就埋下了种子。罗马合院的中庭虽然是仰天敬神之所，同时中庭亦是街道公共空间的延伸之地。罗马合院门设于中，前无屏，任何人，无论富贵贫贱，均可随时无请自入，进到中庭（图6—7）。每日清晨，有求于大律师或市政官员的

图7　19世纪对庞贝古城合院中庭的想象图

图8 庞贝古城合院后花园中的水渠遗址，屋大维·瓜尔迪奥宅
（House of Octavius Quartio），意大利庞贝古城，阮昕摄

图9　19世纪荷兰裔英国画家对罗马合院中闲暇生活的想象。劳伦斯·阿尔玛-塔德玛
（Sir Lawrence Alma-Tadema），《变戏法的埃及人》（*Egyptian Juggler*），1870年，
油画，77.8 cm × 48.4 cm，澳大利亚悉尼新南威尔士美术馆藏

图10　罗马城中古代多层公寓底层铺面的遗址，意大利罗马，阮昕摄

市民便恭候于中庭里，希望能见到主人。中国合院除了用屏将外人拒之门外，到了后期甚而将门移至东南角，因此北京四合院的垂花门则隐藏于高墙之后了，好像给一件宝物加了迷惑人的简易包装。维特鲁威（Vitruvius）在《建筑十书》里告诫建筑师必须将合院中庭视为公共场所。只有私密的房间，如卧室、浴室、餐厅之类一般外人不可入内；而合院中庭即公共门厅，以及花园后院，任何人都可以不请自入。因此维特鲁威诚劝那些不担任市政社会要职的人家无须建宏大华丽之门厅与中庭；而社会之上层人士，如市政官员与地方法官，将门厅中庭甚至花园后院建得富丽堂皇，则是他们对市民尽的一份社会责任。如此公共市政意识在中国合院里则几乎不存在。一千五百年之后，意大利文艺复兴重温古训，建筑师帕拉第奥（Palladio）在其名著《建筑四书》（*I quattro libri dell'Architettura*）中更是将维特鲁威引申一步，提出宏大富丽的门厅中庭是为了给去上访的平民百姓在等候时可以悠闲消时。天地之轴与公共市政理念似乎预示了将来必须融解的一对垂直与水平的冲突。市政理念关心的是人在世间的事，自然是水平趋势；而后花园里的闲暇生活更是增添了一份"水平"的分心。而中国大门紧闭的合院则以居家生活将任何可能潜在浮生之念，无论垂直还是水平之趋势，都包容在内了。

遐思浮生

圣保罗将凡人之屋的建筑看淡是因为有永恒的天堂之屋，而中国人虽然只是偶思浮生，也从未将砖木之筑看得过重，其原因是国人向来更相信唯有文字方可永生。一般来说，中国现存最早的宅院可断代为明代；也有历史学家称仍可找到元代的宅子。就国人对待建筑遗产的一贯做派而言，无论元代或是明代的住宅都已经历过无数改建甚而重建。换言之，所谓建筑的遗产保护是20世纪后从西方引进的概念。梁思成先生那一代游学西方的建筑学人不但率先开创新学，而且呕心沥血付诸实践。建筑遗产保护的失败——北京城墙的拆除即是一例，以及梁先生个人的惨痛结局，其实不可简单地归咎于那个时代。根本而言，中国人自古就没有通过维持保护而延续建筑实体寿命的观念。帕拉第奥建于意大利文艺复兴时期那些美轮美奂的乡间别墅，在同一家族世代相传，迄今仍在不断精心维护修建，以重显初建于16世纪的风采。而在中国哪里还能寻到经数代人如此精心呵护下的明代宅院呢？不过中国人从不觉得这有任何问题，因为中国合院是一个一成不变的观念，其象则多变而无一成之形，这在中国合院形形色色的丰富地域特点上可略见一斑，仿佛色彩斑斓的花蝴蝶，万变而不离其宗，仍是蝴蝶一只。

中国人遐思浮生并未在合院本身有明显表露，而往往借助文字与其他工艺品来畅抒向往自由的情怀。辛弃疾的名句"爱上层楼"即是一例：虽然家喻户晓，但我们很少问一问如此登高望远的层楼何处可寻？无论是远古时期的岐山凤雏西周合院遗址，还是现存的明清合院里，都没有给登高望远提供一个方便的塔楼。令人不解的是，合院在汉代遗留下来的画像砖与明器里皆有塔楼一座（图11）。汉代合院遗址至今没有发现，所以汉代合院是否真有塔楼，画像砖与明器中的表现不足为证。不过汉代恰逢盛世，汉高帝刘邦为此奠定了坚实的社会基石。其中对后世影响极大的策略之一即是广泛招用"贤士大夫"，为后来在隋朝建立的科举制度设定了先例。经过半个多世纪的整修，到了汉景帝的年代，不但宫里的粮仓钱库盈余，士大夫阶层的生活水准亦在向过去的世袭贵族靠拢了。

就塔楼而言，20世纪50年代在成都出土的东汉画像砖仍值得重新审视一番（图12）。虽然画像砖上是一个四宫格合院，而主轴线在左边则是一清二楚的。左上方的主庭院以一坐北朝南的厅堂所主导。主客于堂屋内席地而坐，似在饮酒或品茗，同时亦在观赏庭院里的斗鸡游戏。两个前院均为杂院：左边有家禽，而右边则是厨房、洗衣房之类。唯一目的不明的即是在右上方合院里的多层塔楼，史学家们往往称之为望楼或观。从防御的角度来解释最为省事，但是为什么在后来竟没有过任何实例来证明呢？史学家们于是猜测此类塔楼是藏宝物之处，或供奉佛祖之楼，因为佛教那时已经进口到中国了。无论如何，塔楼立在主庭院的侧面、杂院的后面——塔楼院内不但有犬吠，还有佣人洒扫庭除。换言之，"进门，登堂，入室"为儒家入世营生之主轴，而塔楼，无论何用，则处于边缘地位。

众多汉代的陪葬明器往往亦是非对称的，而塔楼多居角落边缘（图11）。明器由"标准构建"组合而成；士大夫在组合时可以自由发挥，就像小孩子搭玩的积木。偶尔亦有塔楼架于厅堂

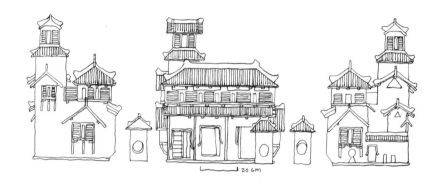

图11　东汉明器合院模型立面图，阮昕描绘

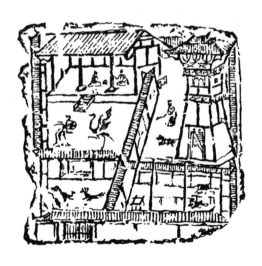

图12　宅院画像砖，东汉，画像砖拓印，46.4 cm × 40 cm × 6.3 cm，中国国家博物馆藏，阮昕描绘

图13　西汉明器合院模型：河南淮阳县于庄一号墓，河南博物馆藏，阮昕绘

之上（图13），但并不影响儒家厅堂主导于庭的根本含义。由此看来，塔楼是否存在于汉代合院并非问题的关键。汉代的开明盛世，以及士大夫生活的逐渐殷实与社会地位的不断提高，给他们在儒家入世的家庭社会责任之外提供了遐思浮生的机会。虽然士大夫们仍做不到如庄子所倡导之逍遥，但偶尔在来世，甚而有可能在现世的边缘塔楼里登高望远，虽不是彻底无家而在天堂自由自在地永生，也算是从儒家世界里烦琐的家事与公务中的一种暂时的解脱吧。

其实庄子之逍遥并非彻底无家之自由。《庄子外篇·渔夫》云："人有畏影恶迹而去之走者，举足愈数而迹愈多，走愈疾而影不离身，自以为尚迟，疾走不休，绝力而死。不知处阴以休影，处静以息迹，愚亦甚矣！"如此看来，庄周所教诲的大智慧并没有走出中庸之道，汉代合院中的塔楼，无论是在想象中的来世，还是真实存在于现实，其作用不是颇似以庄周的大树来暂时躲避令人厌烦的影子吗？

能够超越"保守"之合院建筑而追寻彻底浮生之士在中国历史上不多见，诗仙李白或许是其中一个。骑着高头大马，有美丽歌女陪伴，李白做到了大半生都在浪迹名山大川。这当然跟中国文化重文字，尤其唐代崇尚诗才分不开。在42岁时，李白在道士吴筠举荐下竟然被召至长安，供奉做了唐玄宗的翰林。当然诗仙仅在3年后就失宠于玄宗皇帝，弃官而去，应完全在意料之中。李白深知自己的诗才无限，但又不敢肯定自己已成仙。自由永恒的浮生哪里可寻呢？于是酒与诗便成了逃脱之舟，而"保守"之建筑对李白而言当然就没有任何意义了。

然而绝大多数中国人，无论是芸芸众生还是与李白诗才相匹配的白居易，都未受如此浮生之念的诱惑。难怪林语堂叹道："任何国人在春风得意之时是儒家，在失意之时就成了道家。而唯有道家之自然方可成为抚慰受挫之中国心灵的一剂良药。"[1] 合院本身居然为偶思浮生的中国人提供了方便。以白居易为例，我们便可知其奥妙所在。白居易诗才横溢，大器早成。早年更是官运亨通之士大夫，只因勇于上书，未能做到藏而不露，其重要的官职到44岁就都结束了。以后虽做了些自诩为"闲官"的职位，基本上是独善其身，人生的着眼点已从入世之儒家向诡秘之佛家与浪漫之道家转化了。与所有中国文人所见一般，白居易深知永生成仙之望存于文字之中，于是将其3 840首诗词印刷成册，藏于孙辈手中以及各个佛寺之内。在成仙之望安顿妥当之后，白居易意识到"中隐"方才是一介俗生理想之生活境界。有诗为证：

> 大隐住朝市，小隐入丘樊。
>
> 丘樊太冷落，朝市太嚣喧。
>
> 不如作中隐，隐在留司官。
>
> 似出复似处，非忙亦非闲。
>
> 不劳心与力，又免饥与寒。
>
> 终岁无公事，随月有俸钱。

1　Lin Yutang, *My Country and My People*, William Heinemann Ltd., 1936, p. 111.

君若好登临，城南有秋山。

君若爱游荡，城东有春园。

君若欲一醉，时出赴宾筵。

洛中多君子，可以恣欢言。

君若欲高卧，但自深掩关。

亦无车马客，造次到门前。

人生处一世，其道难两全。

贱即苦冻馁，贵则多忧患。

唯此中隐士，致身吉且安。

穷通与丰约，正在四者间。

　　可见白居易不求李白之浮生，如此"中隐"可谓是对中庸之道做了一个最世俗化的形象解释。那么如何才能做到身体力行呢？其实诗中已暗示：中国合院矣！屏、门、庭、堂、室的空间序列即是"中隐"生活的建筑根基；而一个古罗马的市政法官则既不求"中隐"，其合院亦没有为此提供任何建筑上的机会。古罗马与文艺复兴时期的贵族在夏季逃到乡间别墅，算是暂时接近白居易的"小隐"罢了。晚唐以后兴起造园之风：四方山水与小筑均可收罗于合院旁侧或者后面的墙院之内。合院于是延伸为园宅，此后士大夫寻求"中隐"的理想借园宅而成为精湛的艺术。

　　白居易晚年落叶归根，回到向往已久的洛阳，花十年潜心修造履道里园宅，令其成为闻名京洛、载入史册的一大名园。履道里白居易园宅遗址自然无处可寻，不过记载于无数白诗、白词之中难道还不足吗？略举一例，《新小滩》透露出白居易造履道里园宅以忆江南："石浅沙平流水寒，水边斜插一渔竿。江南客见生乡思，道似严陵七里滩。"从此以后，造园之风延绵不绝，到了明清已是登峰造极。难怪贾政在初访尚未命名的潇湘馆时就被其竹院所吸引，当即叹道："若能月夜坐此窗下读书，不枉虚生一世。"中国士大夫偶有思浮生之念，已经完全内化于院墙之内的一方山水之中了（图14），哪里还有闲暇过多去仰望苍天呢？

中国人垂直的"天地之轴"向来不强，其水平的趋势早先就物化在合院之含义里了，而延伸出去的园林仍在墙院之内，所起的作用即是中庸之道——一个对世俗生活入世与艺术人生出世之绝妙平衡。换言之，合院与天的关系越发淡化，而合院与繁华的市井或是避世之园则是若即若离。西方伟岸的"天地之轴"在古代罗马合院里与水平的公共市政空间及后花园里的闲暇生活略有冲突，而对仰望苍穹的真正挑战则是文艺复兴之后的事了。

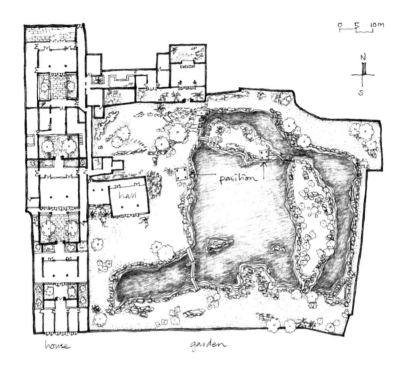

图14 苏州清代毕浣园宅平面图，阮昕描绘

浮生·建筑
——有关水平与垂直的猜想（中篇）

风景之屋

从中世纪的"黑暗"世界走出，安全大有改善，于是文艺复兴的大宅已不再是城堡，而开始向外面的世界敞开了。画圣拉斐尔（Raphael），如其他文艺复兴的全才艺人，亦是一位杰出的建筑师。由拉斐尔主笔建在罗马城边山坡上的玛达玛别墅（Villa Madama），虽然仅是一小部分得以实施，其向外敞开的高大凉廊（loggia），通透性几乎可以与现代的玻璃建筑媲美（图15）。如此解释，就好比我们看到汉代明器宅院模型里有塔，于是就断定其存在的理由便是"望楼"，仅起防御作用而已。行文至此，读者定已埋解，建筑在此文中绝非仅是防范风雨并提供庇护。回到合院，其存在的根本理由，无论在西方地中海的古代世界里，还是中国20世纪前三千多年的历史长河中，都乃是"天地之屋"的

图15　玛达玛别墅凉廊，照片显示凉廊已被现代玻璃窗封住，意大利罗马，阮昕摄

含义尔。那么文艺复兴时期的那些乡间别墅为何突然舍去"天地之屋"的合院形制，而开始向外面的世界敞开来呢？建筑将浮生之念物化矣！

拉斐尔的玛达玛别墅在朱里奥·德·美第奇（Giulio de'Medici）于1523年加冕成了克莱门特（Clement）七世教皇时才实现了如今的部分（图16），而拉斐尔本人则于1520年就仙逝了。玛达玛别墅凉廊之外的风景与凉廊本身的多重穹顶似乎已成矛盾，好比一个人有着外向与内向的双重性格，其实文艺复兴乡间大宅对古代合院"天地之轴"的挑战已在此略见一斑。而真正清晰并有意识地将内向的垂直轴线转化为外向的水平之轴则是帕拉第奥的功劳。

帕氏虽是石匠出身，年少时却有幸被维琴察（Vicenza）旺族豪门的人文大家詹·乔治·特里西诺（Gian Giorgio Trissino）慧眼识中。在特里西诺的提掣之下，帕氏开始学习艺术、科学与古代建筑，尤其是维特鲁威的建筑理论。特里西诺不但给帕氏提供了去罗马学习古代建筑的机会，就连其名"帕拉第奥"——象征智慧的希腊女神（Pallas Athene）——亦是特里西诺所取。在特里西诺1550年过世之后，帕拉第奥又得益于豪门巴尔巴罗（Barbaro）兄弟的恩惠。大哥达尼埃勒·巴尔巴罗（Daniele Barbaro）是翻译研究维特鲁威的著名学者；曾做到枢机主教。弟玛坎托尼奥·巴尔巴罗（Marcantonio Barbaro）亦造诣不俗，曾担任其母校著名帕多瓦大学（Università di Padova）校长以及诸国大使。巴尔巴罗兄弟再次创造机会给帕拉第奥去罗马研学古代建筑。也正是在巴尔

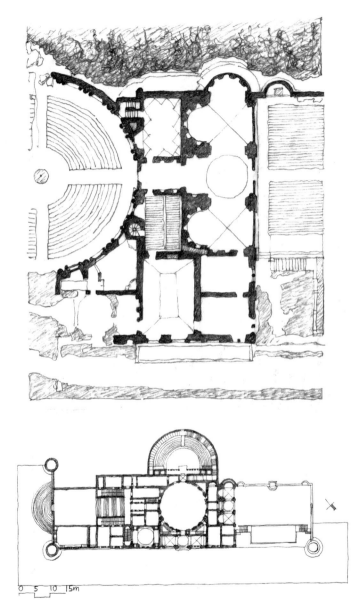

图16　玛达玛别墅建成部分平面与根据小安东尼奥·达·桑加罗
（Antonio da Sangallo il Giovane）草图对拉斐尔原设计构想的平面复原，阮昕描绘

巴罗兄弟的举荐下，帕拉第奥才得以在威尼斯大展才华，并为不少贵族豪门在大陆乡间设计了一系列璀璨的别墅庄园，包括巴尔巴罗兄弟的合宅（图17），以及恩摩（Emo）、巴杜尔（Bodoer）、佛斯卡里（Foscari）和比萨尼（Pisani）等等别墅庄园。

帕拉第奥的乡间别墅多为威尼斯与周边豪门大家所建。以文艺复兴的风气而言，无论是商贾之家还是从政官员，除了必须积极入世营生之外，还需有心境去追求一种"沉思"（contemplative）般的生活，颇似上篇里谈到的中国士大夫之儒道互补。这自然与文艺复兴时追求罗马"闲暇"之古风有关，只是古人更强调"闲暇"的先决条件是有地产的阶层。看来文艺复兴时期的豪门旺族在这一点上确与中国的士大夫有点相像，"沉思"之生活是需要在积极入世之外去追寻的，闹中求静，尤为可贵。不过追求的建筑手段颇为不同：中国的士大夫以内向的园宅来拓展想象的空间，而文艺复兴的贵族，以帕拉第奥的乡间别墅开先河，通过建筑来延伸"水平"的视野，其作用如望远镜一般。

纵观帕拉第奥的乡间大宅，以众所周知的圆厅别墅（Villa Rotonda, or Villa Almerico/Capra/Valmarana）为例，首先令人不解的是崇尚人文古训的帕拉第奥竟将人住的别墅建得像古罗马的神庙（图18）。其实帕拉第奥在1570年，晚年62岁，出《建筑四书》总结一生建筑体会时已几乎阐明建筑乃道德与责任之实践矣。孔夫子以合院元素——门、庭、堂、室演绎礼、乐、仁、义，亦视建筑为道德实践，只是中国合院的内向性将中国人思浮生之水平趋势收敛于想象空间中了。前文已提到帕拉第奥将维特鲁威有关权

图17　巴尔巴罗兄弟合宅近景，意大利马塞尔，阮昕摄

图18　圆厅别墅，意大利维琴察，阮昕摄

势人家里的中庭门厅需富丽堂皇之设计原则上升为道义高度。于是从罗马古建筑的废墟中可以体验到其宏伟、对称均衡的数学原则；而如此原则所体现的是光芒四射、巍峨无比的宇宙性美德（*virtù*）。如此美德，换言之，即是帕拉第奥所信奉的艺术与科学的完美结合。

帕拉第奥对罗马古迹与废墟做过精心的考察与研究，并实地测绘，其结果在1554年出版的罗马教堂与古迹的"旅游手册"中可见一斑。此册一出即十分畅销，并马上再版。哪怕古罗马公共浴场亦呈现出帕氏信奉的"美德"。四百年后美国建筑师路易·康（Louis Kahn）造访帕氏当年钟情的罗马凯悦卡拉（Caracalla）古浴场（图19），竟一语道出帕拉第奥对古代罗马建筑美德的解释。康叹道："我们可以在8英尺（约2.4米）以下的天花板下洗浴，没有问题。而若在150英尺（约45.7米）的天花板下洗浴则将造就一种完全不同的人！"[1]从康之言行与建筑实践来看，帕氏竟是其四百年前的他乡知音。由此推测，帕拉第奥的乡间大宅应是咏颂人性的庙堂。而帕拉第奥的天才之处却是将罗马建筑神圣宏伟的尺度通过舒缓的比例过渡而拉近人间，仿佛圣人，虽因得道而居高临下，而布道时却能与凡人众生娓娓而谈。

任何一个帕拉第奥的乡间别墅都由一系列对称并逐渐由小到大的房间构成，而高潮似乎是居中之大厅。如此以人为中心的比例关系如何构成，帕拉第奥在实际设计与建造过程中绝没有教

---

1 Sarah Goldhagen, *Louis Kahn's Situated Modernism*, Yale University Press, 2001, p. 175.

图19　罗马凯悦卡拉古浴场废墟，意大利罗马，阮昕摄

条精确的数学关系。其实帕氏建成的别墅与其《建筑四书》中精美的木刻版图亦多有出入，但如此"出入"对帕氏建筑的理念没有丝毫淡化。以房间系列的比例关系而言，其实原则基本可以归纳如下：乡间别墅以相互联通的房间矩阵组合而成；小房间长的一边往往是相邻大房间短的一边，而房间的高度则应在房间平面的长边与短边之间。换言之，此设计原则应保证任何长方形的房间都不会离正方形太远，而从小房间到大房间的过渡不会太唐突（图20）。

如何理解这些房间之间的比例关系，丹麦建筑史学家施泰因·埃勒·拉斯姆森（Steen Eiler Rasmussen）建议做一个反测试：假如我们以增加几个房间为理由，我们可以试着将帕拉第奥的别墅中一些房间划分为二，于是可得到一些似乎挺完美的多余房间。可是我们同时亦会感到这些多出来的房间并不隶属于这里！由拉斯姆森之测试，我们可推论，帕式建筑仿佛古典交响乐，每一个音符都绝不可随便替换，这与现代爵士乐中的即兴发挥不可同日而语。换言之，这一系列房间由小逐渐按比例增大，而中央大厅则为此系列之终极。拉斯姆森体会到，帕氏的乡间大宅虽然均衡对称，但你可以感到他的建筑并非为仪式演绎而建："你一旦进到其中，就没有想要走动的意念，而是立刻十分满意，立足于此静心审视四周，于是便可看出这些房间的序列无论于方向还是比例上都是一个晶莹透彻的体系（lucid system）。"[1]

1　Steen Eiler Rasmussen, *Experiencing Architecture*, MIT Press, 1964, p. 142.

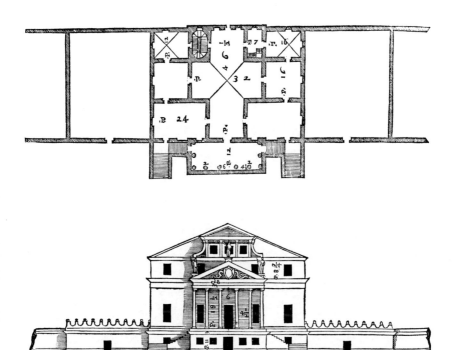

图20　佛斯卡里别墅平面与立面，载帕拉第奥，《建筑四书》，1570年

　　由上我们可知，所有帕氏的乡间别墅均是由一些大大小小而相互串通的房间组成的一个矩阵。而此矩阵有其三维空间的结构：不同大小的房间都有与其相匹配的拱顶或穹顶天花。精研文艺复兴建筑的史学家鲁道夫·维特科夫尔（Rudolf Wittkower）曾就此空间感做过如下总结："与法国、英国大相径庭，只要有可能做到，意大利的纪念性建筑总是由三维之体块（three-dimensional）构思而成。意大利建筑师总是追求一种在长、宽、高之间十分容易体验到的比例感。帕拉第奥之庄园大宅将这种品质展现尽致。"[1] 这也正是前文提到的拉斯姆森所谓"晶莹透彻的体系"。如此体系其意为何？

　　虽然帕氏的圆厅别墅从其名（Rotonda）到其形均源自罗马万神庙，而其意则反其道而行之——穹顶圆厅，虽然伟岸宏大，却不如万神庙一般以"天眼"限定"天地之轴"，因而建筑令人仰慕苍穹；圆厅别墅中"天眼"已被"灯笼"（lantern）封闭（图21），圆厅因此令人驻足，环顾四周：对称且串通门道的轴线将外面的光线与视野引入圆厅，其作用于是豁然开朗，圆厅别墅有如一硕大之"立体取景器"，人置身其中，光线由外而入，形成内光（图22），将此精巧"仪器"的天机解密——原来帕氏的乡间大宅竟是通过建筑将外面无垠的世界尽收眼底罢了（图23）。圆厅别墅，因"天眼"被封，故名不符其实，建筑成为风景之屋，当然令浮生之念物化矣。

1　Rudolf Wittkower, *Architectural Principles in the Age of Humanism*, W. W. Norton & Company, 1971, pp. 72–74.

图21　圆厅别墅穹顶上的"灯笼"，意大利维琴察，阮昕摄

图22　圆厅别墅内部的视线轴，意大利维琴察，阮昕摄

图23　圆厅别墅最终通过凉廊成为"风景之屋"，意大利维琴察，阮昕摄

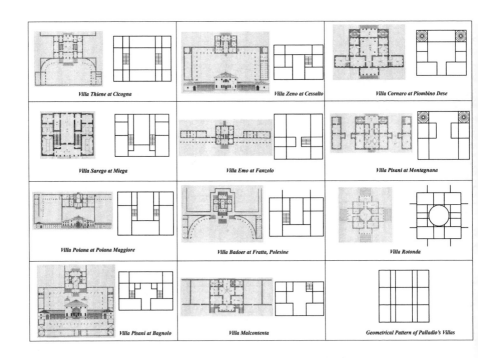

图24 维特科夫尔的帕拉第奥别墅图解与实际平面对照

维特科夫尔曾将帕拉第奥的12幢乡间别墅简化为数学模式般的图解（图24），有如法国巴黎美院所推崇的"立场选择"（parti）。虽然维特科夫尔并没有指出帕氏设计万变不离其宗的含义，我们不妨借助维特科夫尔的图解来证明帕拉第奥"晶莹透彻的体系"作为"风景之屋"的真正意义。从垂直的天地之轴到水平延伸的风景天际线，帕拉第奥的乡间大宅首先将对天之仰望转向对人的关注。帕拉第奥的大宅迎合贵族的浮华与虚荣自然不在话下，但帕氏毕竟视建筑为道义实践，于是通过如此"立体取景器"对外面水平世界的拓展则应是人对世界的象征性征服。以此来看，以帕拉第奥乡间别墅为代表的文艺复兴几乎已显露现代性的端倪了。

大多惠顾帕拉第奥的贵族并非等闲之辈：从特里西诺到巴尔巴罗兄弟，都是学贯古今的人文学者；而帕拉第奥虽得益于他们的培养提掣，恐怕最终也没有在人文学养上超出其建筑顾主。纵观帕氏名著《建筑四书》，从表象上看，这只是一本依靠丰富精美图解的"建筑设计与构造手册"，所包括的内容，大多为指导实践，而非对建筑含义的理论探讨。"一书"主要讨论五种古典柱式在建筑、私宅、街道、桥梁、广场、亭廊、庙宇中的运用；同时也包括对木作、石作、基础、沙石构造等十分具体的图解描述。"二书"则是以帕氏自己设计的城市、乡间大宅来阐述设计原理；其间亦有对古代住宅的讨论，描述依然详尽且多从实际出发。"三书"仍以帕氏自己的设计为例，阐述道路、桥梁、广场、市政公共厅堂与亭廊之设计细则。"四书"则展现了帕氏年轻时对罗马及意大利其他地方古代建筑的测绘研究。

或许帕拉第奥与其顾主之间已心照不宣，帕氏无须在《建筑四书》里阐明设计建造如此乡间别墅的真正含义。当然也可能是建筑的真正含义还仅存在于下意识中，无论是帕拉第奥本人还是他的顾主们都是以造建筑和居于其中而身体力行罢了。第三种可能则是帕拉第奥被文艺复兴的贵族学人利用为以建筑实现他们理想意念的工具艺人了。

无论如何，帕拉第奥成为后世最为推崇、被描摹最多的建筑师之一多为历史的偶然。英国17、18世纪的贵族，以及后来美国的新贵普建所谓帕拉第奥式大宅，只是学其表象而不得实质。当然英国人从17世纪开始对建筑室内以及内心世界的追求则另当别论，笔者会在后文提及。帕拉第奥虽著书立说，却没有道明其设计含义，这给后人留下无限解释的余地。其中最令现代人疑惑不解之处即是房间相互串通的矩阵平面。每个房间因此都有二扇或三扇门；要去一个房间必然要穿过其他房间；中轴线上的房间和一些侧轴线上的房间均串通而形成视线轴（vista）。在此相互串通的矩阵中，私密性如何保证？文艺复兴时期贵族们的日常生活怎样展开？

房间相互串通的矩阵平面并非帕拉第奥所发明。帕氏年轻时去罗马研习古建筑时曾去拜谒拉斐尔的玛达玛别墅，其平面亦是房间相互联通的矩阵（图16）。英国历史学家罗宾·埃文斯（Robin Evans）视玛达玛别墅为文艺复兴居家生活的物证。于是在埃文斯眼中，相互串通的房间促进了人与人之间有意无意的接触，其成因自然并非无缘无故，而是适合于"一个以浪荡人生为基点，视身体为人本，好群居之社会"[1]。以此为根基，埃文斯对文艺复兴大宅里的居家生活做了一番臆想揣测："于是乎，尽管在房间的组合上有精确的建筑构图，从居家生活的角度来看，对于各类家族人员——男人、女人、小孩、佣人以及访客——而言，此宅是一个相对渗透的开敞建筑平面，而日常生活的展开必然需要穿过这些相互联通的房间矩阵。一天之内，各种活动路径必然相互干扰；除非专门采取防范措施，否则任何一种居家活动都不可避免地要受到另一种活动的侵扰。"

　　埃文斯除了研读建筑平面之外，还有选择地摘取文献并用拉斐尔本人的画作来证明以上对文艺复兴居家生活的猜测。以拉斐尔的圣母与耶稣题材的画作相比，埃文斯看到更多的是对人性肉欲的体现：人物之间相互端量并撩拨对方的身体（图25）。这与15世纪同样题材的画作比较，其人物间相互隔离，尊卑有序的纯精神性已荡然无存了（图26）。虽然埃文斯本人亦承认在所有他自己摘选的文献与读解的画作中，几乎没有对建筑背景的描述。以建筑平面与人居关系而言，虽足以证明文艺复兴大宅中"群居为本，独处则难"（company was the ordinary condition and solitude the exceptional state），而为群居提供润滑剂的住宅平面是否一定造就金迷纸醉般的浪荡生活，套用在帕拉第奥的乡间别墅则显得十

1　Robin Evans, "Figures, Doors and Passages", in *Translations from Drawings to Building and Other Essays*, Architectural Association Publication, 1997, pp. 54−91.

图25　拉斐尔，《圣母耶稣图》（*Madonna dell'Impannata*），1514年，油画，
158 cm × 125 cm，意大利佛罗伦萨皮蒂宫藏

图26　艾克罗·罗伯蒂（Ercole de'Roberti），《圣母耶稣图》（*Virgin and Saints*），1480年，
油画，323 cm × 240 cm，意大利米兰布雷拉画廊（Pinacoteca di Brera）藏

分牵强，甚至无法圆通。这在歌德对帕拉第奥建筑的印象里亦可略见一斑。

1786年9月歌德从维罗纳（Verona）经维琴察游历前往威尼斯。18日造访帕氏奥林匹克剧场（Teatro Olimpico）与其他建筑后盛赞帕拉第奥在"真"与"假"之外造就了第三种令人心醉之艺术。而在目睹帕氏建筑颇为残破的境况下，歌德感叹的却是凡夫俗子与帕氏建筑所颂扬的崇高道义与真理不相匹配……21日傍晚歌德在建筑师斯卡莫齐（Scamozzi）的引导下去参观帕氏自己的陋宅，然后取道拜访了圆厅别墅。歌德对该宅神庙般的伟岸以及精美悠扬比例的赞誉自然不在话下，只是歌德感到圆厅别墅没有居家感，因而怀疑该宅无法满足贵族居家生活的需要。[1]当然歌德在承认圆厅别墅无论从缓坡四周任何角度看上去都美轮美奂时，诗人却没有忘记专门指出从圆厅别墅内部去展望四周的乡村美景是多么让人陶醉。

歌德虽然在旅经一书店里寻获一册英国人史密思（Smith）用铜版印制的帕拉第奥图集，却没有对帕氏建筑做过深入研究。凭仗着对人生艺术的敏感，诗人在不经意中道出了帕氏庄园大宅中的另一令现代人的不解之处——即对家长里短与日常生活之趣的忽略。即便歌德有机会多看几个帕氏的乡间大宅，恐怕也不会产生出埃文斯般对玛达玛别墅的幻想。其实从帕拉第奥乡间大宅剖

1　"The house itself is a habitation rather than a home. The hall and the rooms are beautifully proportioned, but, as a summer residence, they would hardly satisfy the needs of a noble family." J. W. Goethe, *Italian Journey, 1786-1788*, translated by W. H. Auden and Elizabeth Mayer, The Folio Society, 2010, p. 51.

面图上（图27）即可一眼辨出帕氏对日常琐事的低调处理并非粗心，而是有意为之。帕拉第奥的乡间大宅往往建在宽大的台基之上。服务性的房间，如厨房之类，都包括在平台下低矮的空间内；佣人亦住在台基下的房间里，或屋顶里的夹层阁楼中。帕拉第奥曾宣称：层高在8尺（维琴察当地用的衡量度，称Vicentine尺。8尺相当于2.8米）以下的夹层绝不适合绅士去住！康在四百多年后将罗马古浴场里伟岸的空间与造就人的美德联系在一起时，并不一定知道帕氏曾说过这样一句话。康还曾经自问自答：什么是需求？需求不就是一个香蕉或一个三明治吗？二人论题虽差甚远，其意则同！

拥有帕拉第奥庄园别墅的文人贵族们只是在夏季造访这些大宅，以便可以暂时逃避日常政治或商务的缠绕。大多数宅子同时亦是农庄。不少帕氏大宅，如巴尔巴罗兄弟合宅以及巴杜尔别墅（图28），都在两侧建低矮对称的农房，存放农具和粮食（称为barchesse）。虽是农房，前面仍建凉廊，如同两只手臂般伸展出去以拥抱远方的风景天际线（图29）。有学者认为帕氏乡间大宅无非是在贵族虚荣心的驱使下，帕氏将农庄美化颂扬为神庙一般。有学者甚至猜测，农庄是为了弥补威尼斯海上贸易败落后贵族的收入。恐怕保面子的虚荣心更有些道理，因为这点农场收入与建大宅所耗的巨资相比则是微不足道的。

实质上这些文艺复兴时期的文人贵族在夏季农庄做点农活只是陶冶情操而已，他们的主要目的是在这些夏季乡间别墅里研习讨论人文之学。而乡间凉爽清新的空气与一望无际的风景，正

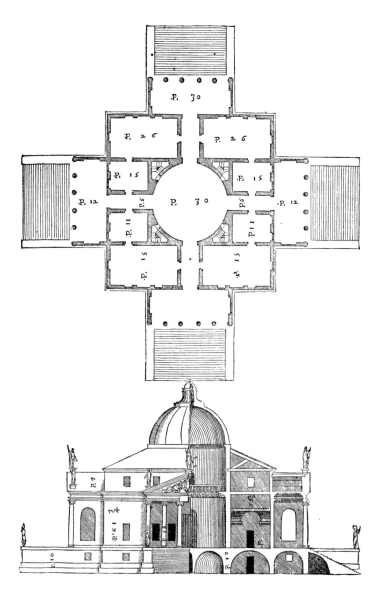

图27　圆厅别墅平面、立面与剖面，载帕拉第奥，《建筑四书》，1570年

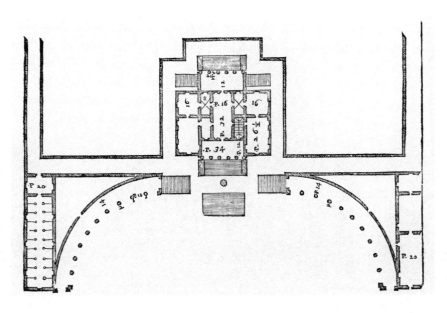

图28　旁侧带有农房的巴杜尔别墅平面，载帕拉第奥，《建筑四书》，1570年

图29 巴杜尔别墅旁侧如同手臂般伸展出去的农房，意大利弗拉塔波莱西内，
阮昕摄

是研究与清谈的必要条件。文艺复兴时期已是城乡隔离。城市依赖贸易已相对独立，而乡间庄园也无须如中世纪城堡般自给自足，如古罗马之风，成了名副其实的乡间别墅了。于是在他们的书信中，对于日常生活琐事似乎不屑提及，亦不足为怪了。由此看来，帕拉第奥的乡间大宅只服务于人文理想与道德，而非家长里短或世俗情趣，这完全是文艺复兴文人贵族对理想闲暇生活追求的具体物化。通过帕拉第奥的建筑，如此生活理想甚至得以仪式纪念化了。帕拉第奥的乡间大宅表面上虽然丰富多彩，而以平面、剖面所体现的内在本质则是遵循一个统一的宇宙共性。与现今的建筑师不同，帕拉第奥完全不用建筑作为表现建筑师个性或标新立异的手段。

虽然帕拉第奥的乡间大宅并不是学者独处沉思之所，这些光艳夺目之屋则令文艺复兴的贵族学人将"沉思"与"闲暇"合二为一。漫长如梦的夏季，贵族学人们在乡间相互造访，他们甚至会带上家什帮佣在彼此的庄园别墅中小住。饮宴派对自然是乡间闲暇生活的一部分——圆厅别墅，夸张一点来说，竟是主人建在高地上，以便在开宴会时可以观看低谷里燃放的烟花。不过这也只是表象。帕氏乡间别墅的真正含义是为贵族学人之间的人文对话提供了一个既有尊严又富有戏剧性的背景场所（图30），如国君加冕，因戏剧般的仪式而令其权力合法且形象化了。贵族学人间对话之内容必围绕人文主题，于是建筑如同"立体取景器"，将仰望苍穹对天之敬畏导向对人和对世界的关注，"浮生"在帕拉第奥"晶莹透彻"的建筑中因此有了文艺复兴的特定意义。

图30　佛斯卡里别墅远景，意大利米拉，阮昕摄

浮生·建筑

——有关水平与垂直的猜想（下篇）

内心世界

如果我们将路易·康的各类建筑——从议会大厦、犹太教堂、图书馆到私宅——按照维特科夫尔的方式做一番数学模式般的"立场选择"图解，初步印象是康如同帕拉第奥一般将所有不同的建筑都归纳于一个统一的模式中，即一个集中式的构图（concentric pattern）：由居中的厅堂与周围的房间组成（图31）。但是在仔细解读一番之后，我们会发现康的模式不是房间相互联通的矩阵。康的中心厅堂由游廊环绕，康称之为ambulatory。正因为有此走廊，周围的房间有了独处的私密性。康并没有让后人去猜测，而是十分肯定地总结了如此模式的含义。康认为任何建筑必须承载人类两种最根本的生活方式：聚会（meeting）与研学（learning）。稍加引申，即群居与独处、社会与个人。如此这般，

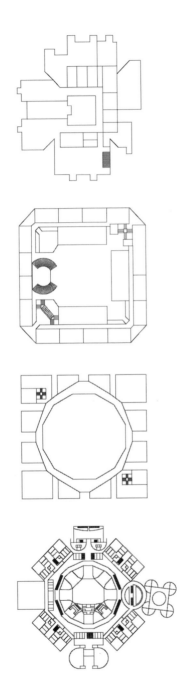

图31　路易·康各类建筑 *parti* 图解（孟加拉国议会大厦［National Capital of Bangladesh］、一神论教堂［First Unitarian Church］、埃克塞特图书馆［Phillips Exeter Academy Library］、戈尔登贝格住宅［Goldenberg House］），阮昕绘

康的建筑在概念上应是"晶莹透彻"了。若与康的建筑做比较，帕拉第奥的建筑，如中篇所述，则似乎是超越个人，将美德与沉思集体化、宇宙化，并通过强大伟岸的"立体取景器"令其放射于广袤无垠的世界。

文艺复兴当然有个人意识；中世纪学者独处沉思，更是个人意识；古人亦不例外：罗马皇帝哈德良若无极端个人意识，就不会构思出前无古人的万神庙与行宫；中国人的个人意识在漫长的前现代时期，则通过文学艺术以丰富的方式呈现出来。不过在帕拉第奥的乡间别墅里，集体的意识远远超于个人的意识。以建筑来承载个人意识与内心世界的追求，一种内向的浮生，则是在西方，尤其是英国，17世纪以后的事了。历史学家卢卡斯（John Lukacs）认为在1450年到1950年的五百年间，虽然西方还未进入早期民主社会，贵族阶层已不再主导一切。也正是在这五百年间，西方的所谓"布尔乔亚"（bourgeois）阶层以及布尔乔亚精神逐渐成为现代社会的标志。而此标志即是以个人意识为代表的一种"内心世界"（interiority）的形成。[1] 在西方思想的演进与变化上，如此"内向性"似乎在表象上令人不解：西方对外部世界的探索在现代科学与技术的推动下飞速拓展，而为何正是此时会将对象征自由浮生之广袤世界的关注转向"思想之内部风景"（the interior landscape ot minds）呢？

我们通常将西方希腊罗马的古代时期比喻为清晨明媚的阳

---

[1] John Lukacs, "The Bourgeois Interior", in *The American Scholar* 39, no. 4 (1970), pp. 616–630.

光——所谓西方文化思想史的"黄金时期"；文艺复兴则是正午的日光；以布尔乔亚之"内心世界"为代表的近现代，无论以光线还是色彩而言，都应是秋日的夕阳。如此夕阳无限好，自然是成熟的标志。以中国思想发展史为背景，西方亦习惯将与古代地中海文明同期的中国古代称为黄金时节。不同之处，以住屋为例，中国的天地之屋合院在此时早已将天地之轴水平且内向化了。庄周之"外化而内不化"于是有了实实在在的建筑基础，竟令夕阳般的中国思想文化之黄金时节持续了至少三千年。西方之内向性，以建筑为例，大不同于中国，其寿命从雏形到消亡只有三百多年。

如此"内向的浮生"在荷兰17世纪后半叶绘画的"黄金时期"已初露端倪。那时期的名画家，如彼得·德·霍赫（Pieter de Hooch），扬·斯蒂恩（Jan Steen），加布里埃尔·梅特苏（Gabriël Metsu），扬·维米尔（Jan Vermeer）和伊曼纽尔·德·魏特（Emanuel de Witte），都以潜心描绘亲近闲适的居家生活场景而著称。这些画作以"寓言"式的风格通过人物（多为妇女和儿童），以及室内日常用品来讲述故事或传递道德教化，应另当别论。而这些画作对室内的刻画则往往顺从了一个统一的模式：房间仍如中世纪或意大利文艺复兴般相互串通；虽然并没有在画中尽现，从投射在串联一系列房间走道地面上的斑驳日光，我们可以感到侧面的窗子（图32）。尽管有走道穿过，房间则相对完整。画面近景的窗子当然可见，只是该窗子完全不起取景作用。窗子在人视线之内的下部往往由木窗扇挡住；能够支付得起更多玻璃的殷

图32　伊曼纽尔·德·魏特，《室内弹钢琴的女人》(*Interior with a Woman Playing a Virginal*)，
1665年，油画，97.5 cm × 109.7 cm，加拿大蒙特利尔美术馆藏

实之户，窗的下部亦用遮挡视线的花窗玻璃或窗帘遮住，而令室内之日光神秘般地减暗。日光于是从顶着天花板下的高窗渗入室内（图33）。丹麦建筑史学家拉斯姆森还观察到，荷兰绘画中的窗子往往紧贴在侧墙，这只是在荷兰和威尼斯两地可见到实例。[1]如此"天国般的日光"（heavenly light）进到室内，形成内光，"自然"于是被人规范化，仿佛从桀骜不驯的原生态被乖乖驯化为家中让人掌玩的宠物了。

荷兰绘画中的"内光"令我们的注意力集中到室内：除了那些心满意足待在室内的妇女儿童外，我们还会慢慢观察到这里一个水罐，那里一把曼陀林琴；当然大户人家还有老式钢琴，黄铜柄的水晶吊灯和色彩斑斓的波斯地毯（图32）……神秘暗淡的"内光"更增添了我们的好奇心，于是继续搜寻而发现另一个普遍存在的现象：无论是平民陋室，还是殷实之户，幽暗之处的墙上，往往挂有一幅世界地图，或是一幅海景油画；而在画面走道尽端的窗框门框里隐约可见屋外摇曳的树影（图34）。我们于是悟道，与16世纪意大利文艺复兴的贵族学人不同，17世纪后期的荷兰人已无须通过建筑去拓展其遐思浮生的视野。他们在航海贸易上已征服了世界；墙上的画中之画仅是一点自由空间的隐喻而已。而室内生活的主题，从对世界地理的研究，阅读远方的来函，到父母子女合家奏乐，以及男女调情，饮酒取乐，都展示了荷兰人对室内居家生活的满足（图35）。

1　Steen Eiler Rasmussen, *Experiencing Architecture*, p. 206.

图33　彼得・建森・埃林格（Pieter Janssens Elinga），《房间里的绅士、阅读的女人及女佣》
（ *Interior with a Gentleman, a Woman Reading and a Housemaid* ），1670年，油画，83.7 cm × 100 cm，
德国法兰克福施泰德艺术馆（Städel Museum）藏

图34　彼得·德·霍赫，《母爱》(Maternal Care)，1660年，油画，
52.5 cm × 61 cm，荷兰阿姆斯特丹国家博物馆藏

图35　彼得·德·霍赫，《奏乐之家》(*Portrait of a Family Playing Music*)，
1663年，油画，100 cm × 119 cm，美国克利夫兰艺术博物馆藏

　　这些绘画所描述的荷兰17世纪后期的居家场景虽不可避免有艺术家的夸张与想象，在很大程度上正好展现了历史学家卢卡斯所谓的"布尔乔亚"时代的一幅风俗画：与中世纪的态度迥异，父母与子女间的天伦之乐已有公开表露；孩子已不再是小小年纪就被送出去做学徒，而是留在家中接受基本的宗教礼仪与道德教育。男女婚姻已成为民间公民的协议，而在道义上已不再低于清教徒的独居生活。男女关系趋向平等，而离婚亦可诉诸民事法律……总而言之，荷兰17世纪末期的绘画似乎暗示，外面的世界或许依然很精彩，不过立足于室内则足以遐思浮生了。

　　现代建筑史家西格弗莱德·吉迪翁（Sigfried Giedion）将荷兰绘画中的室内比作密斯（Mies van der Rohe）建筑中界定清晰的墙面与开敞的空间，甚尔"水晶石般透彻"（crystal-clear）的气氛 [1]，则牵强附会了，因为荷兰绘画中的室内，无论其氛围还是其故事寓言，都远不如"水晶石般透彻"，而是充满了幽暗的神秘感。不过吉迪翁已从荷兰绘画中看到住屋里现代性的倾向——即从外面世界转向室内而造就的"私密性"。此言有些为时过早，真正现代意义上的私密性与个人意识的发展是在接下来的两个世纪里英国人的独特贡献。

　　罗马人于5世纪初被迫撤离不列颠群岛时，入侵英国的日耳曼蛮族盎格鲁－撒克逊人（Anglo-Saxon）面对罗马人创建的辉煌文明竟然不知所措：他们将罗马人的城市、住宅、别墅、公共

1　Sigfried Giedion, *Space, Time and Architecture*, Harvard University Press, 1963, p. 541.

浴场等弃之一边，令其荒芜，而自己则搭建原始的窝棚"火塘屋"（称为grubenhäuser），与半地下的中国半坡原始住屋颇为相似。在今后的三百年间，伦敦居然成了一座空荡的鬼城。现今发现的"火塘屋"遗址尺度极小，似乎不能住人。后来的所谓"英国人"（the English）建了大的棚屋，颇似谷仓，但仍有火塘居中。这便是后来英国中世纪住屋的雏形——所谓"厅屋"（the Hall）（图36）。大约直到15世纪，英国的住屋即是"厅屋"。几乎所有的居家生活——饮食、睡眠，男女老少、主客及佣人之事都发生在厅屋之内。这时候英国人以墙将厅屋围起来而形成中世纪的城堡倒真是为了防御，与古代地中海与中国的"天地之屋"合院应没有任何关系。

　　早期的英国厅屋与中世纪后期的大地主庄园（manor）在形式与内容上并无大的变化，而差别只是从草顶木屋转化为坚固的瓦顶石砌结构了。建筑之本意并没有因为构造方式的不同而产生任何变化。厅屋于庄园之中心即是中世纪英国社会的缩影（microcosm）。庄园地主（the lord）一生都在众目睽睽之下度过：地主在厅屋里虽占主导地位，靠其为生的佃户清客，无论贵贱，都在厅屋里鱼龙混杂；火塘（hearth）在厅中燃烧，就餐时搭上长桌，晚上收起，众人即可和衣就地而眠。英国19世纪著名的插图画家约瑟夫·纳什（Joseph Nash）曾根据现存的厅屋想象再现中世纪的英国社会百图，对厅屋里人声鼎沸的场景加以细描，可谓栩栩如生（图37）。唯有庄园地主及夫人（the lady）在厅屋边通有一个房间，作为卧室用（称为chamber或solar）。到了中世纪

图36 英国早期的"厅屋"，载雷蒙德·昂温，《哥伦比亚大学课程》，1967年

图37　彭斯赫斯特庄园（Penshurst Hall）厅屋场景，载约瑟夫·纳什，《英国古代的大宅》

（ *The Mansions of England in the Olden Time* ），1869年

后期，以厅屋为起点，大宅开始向水平与垂直方向拓展，在延伸为翅的房屋里和叠加上去的塔楼中逐渐多出了满足不同需求的房间，如礼拜堂、厨房及储藏室等（图38）。英国人虽然从未建造过天地之屋，厅屋自始至终的内向性则为英国住宅独特的发展方向奠定了基石。难道英国人从未有遐思浮生之念吗？

到了16世纪中期，意大利文艺复兴的欧陆之风开始吹到处于世界边缘的岛国英伦。英国的贵族争相兴建乡间大宅，目的并非如意大利文艺复兴的贵族学人追求古人的闲暇，而是在政治野心与虚荣心的撩拨下，指望能引起王室的注意，以便接驾国君游幸下榻，小住一番。也许因为目的不同，英国人学习古典建筑以及意大利文艺复兴难免有些心猿意马。英国早期建筑发展到中世纪末，虽有其自由的民间风格，却完全没有古典建筑的规矩。到了伊丽莎白一世的时代，如同文艺复兴一般，建筑的演变绝非展望未来，而是复古。对英国人而言，通过外来的工匠艺人，自己出访欧陆实地考察，以及更多地依赖书本去学习古典建筑（如古典柱式），最终效果则是新奇而充满了异国情调。英国的乡间大宅开始在入口门厅处求对称构图；虽不是天地之屋，到此时已有了内院，并开始随整体而成对称（图39）；最后内院消失，大宅成为一个精心构思的整体。从表面上看似乎颇像帕拉第奥的乡间别墅（图40），而其"内心本质"则大不为然矣（后文另述）！

书本著作，尤其是意大利建筑师塞巴斯蒂亚诺·塞利奥（Sebastiano Serlio）对古典建筑的综合介绍，对英国人更有影响。不过该书早期则多从其他欧陆国家转译过来。比利时城市安特卫

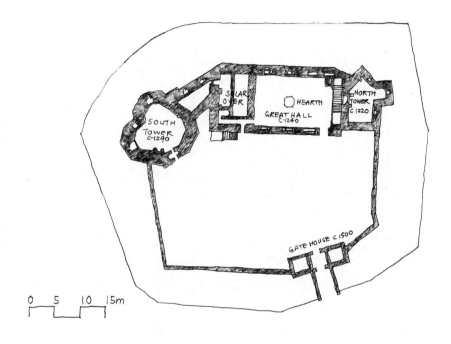

图38　斯托克塞城堡（Stokesay Castle）平面，1240—1291年，阮昕描绘

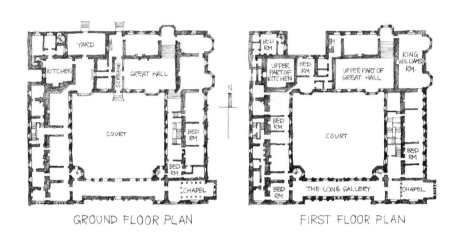

GROUND FLOOR PLAN

FIRST FLOOR PLAN

0 5 10 15m

图39 阿什比城堡（Ashby Castel）平面，1574年，阮昕描绘

图40　沃莱顿宅外景，英国诺丁汉，阮昕摄

普（Antwerp）在当时是出版中心，而佛兰芒（Flemish）画家彼得·库克·范阿尔斯特（Pieter Coecke van Aelst）抄袭转译的塞利奥版本有可能是英国人早期唯一的依据，直到1611年的英译本仍是依据所谓库克版本转译而来。不过早在1556年达尼埃勒·巴尔巴罗注释图解的维特鲁威著作已进到英国；而这在之前已有了其他版本。帕拉第奥对16世纪中后期英国乡间大宅的影响仍然是一个谜。罗伯特·斯迈森（Robert Smythson）在设计建造其经典作，如沃莱顿宅（Wollaton Hall）及哈德威克宅（Hardwick Hall）时应该对帕拉第奥是略知一二的，只是帕氏的"风景之屋"在此时甚至后期的所谓"帕拉第奥主义"（Palladianism）大宅里都未生根发芽。帕拉第奥在英国最大的崇拜者应该是"王室首席测绘师"伊尼戈·琼斯（Inigo Jones, Surveyor-General of the King's Works），那时建筑师的称号在英国还未时兴。琼斯在16世纪末与17世纪初去意大利考察学习古典建筑，仔细研习帕氏建筑与理论，回到英国后成为帕拉第奥最大的布道者。其所谓帕拉第奥式的经典作女王宫邸（Queen's House），从平面而言也只能算勉强之作（图41），因为其串通的"视线轴"显得十分扭捏，仿佛并不情愿从内向外展望世界。

16世纪中期的英国大宅，无论有无内院，中世纪末期房间逐渐变得功能目的有别的趋势方兴未艾：除了厨房、储藏室、小礼拜堂等等，单独的卧室愈来愈多，厅屋往往变成了正餐厅，甚至还有藏书室、书房、办公室、音乐室、沙龙客厅之类；许多大宅都为王室亲临"舜巡"准备了单独的套房（apartment）。当然到了

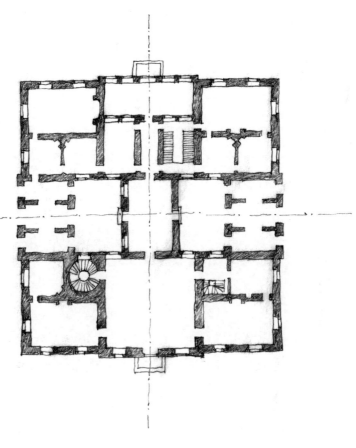

图41　女工宫邸平面，阮昕描绘

伊丽莎白一世的年代，英国的阶级区分已形成，贵族平民已不如中世纪般人伦并处了。令英国贵族不可想象的是，在同时期的意大利贵族学人给建筑师的要求只是为其提供一系列大大小小的房间（stanza）而已，而房间完全没有功能目的之区分。其实目的与功能的逐步细化区分即是从英国率先出现的个人意识与现代性的苗头，其呈现方式渗透社会生活的方方面面：从就餐的礼仪到后来19世纪名目繁多的社会机构以及与其相配的建筑类型。纳什将沃莱顿宅的厅屋描绘为餐厅（图42），西方的分餐制——每个人独享自己的一套食物餐具以及就餐的礼仪，在英国16世纪中叶看来已是日臻完善。沃莱顿宅从外表看似乎颇有帕拉第奥乡间别墅的风范，四面对称拥抱远方的风景天际线，然而居中的厅屋早先完全没有直通门厅与外界的门框通道（图43）。换言之，在古典或文艺复兴的面具背后隐藏着真正的英国精神——即内向性的房间。

伊丽莎白一世时代的豪宅里房间虽然仍相互串通，而大大小小房间则有其存在的原因：娱乐、求知、显贵，甚至仅仅是展示其宗族标志及道德教化。哈德威克宅由什鲁斯伯里女伯爵（Countess of Shrewsbury）——绰号为"哈德威克强悍的贝丝"（the formidable Bess of Hardwick）——于16世纪末建成。贝丝虽出生于一般乡绅之家，一生中经过精心策划的四次婚姻，不但摇身变为女伯爵，在其第四任丈夫什鲁斯伯里勋爵仙逝后，还积累了巨额财富。在1553年建早期查茨沃思宅（Chatsworth House）的经验之上，贝丝在建筑师斯迈森的帮助下，虽已年过六旬，仍设计建造了

图42　约瑟夫·纳什将沃莱顿宅的厅屋描绘为餐厅，载约瑟夫·纳什，
《英国古代的大宅》，1869年

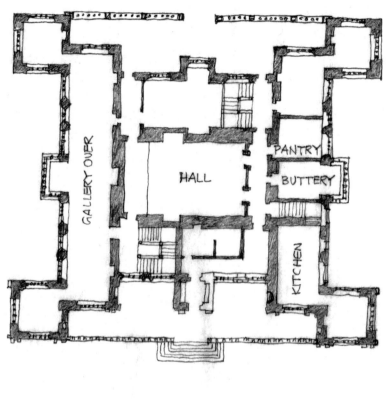

GALLERY OVER

HALL

PANTRY

BUTTERY

KITCHEN

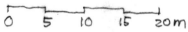

0 5 10 15 20m

图43　沃莱顿宅平面，载约翰·萨默森，《英国建筑（1530—1830）》，1953年，阮昕描绘

看上去似乎是史无前例的哈德威克宅。当地俗谚虽称"哈德威克宅，尽是玻璃而不见墙"（Hardwick Hall, more glass than wall），哈德威克宅并非帕拉第奥般的文艺复兴"视线"宅（图44）。

其实，英国贵族至此已逐渐从中世纪厅屋里的群居生活隐退到形形色色各自为营的房间里面去了。中世纪的群居到此时并没有绝迹，在厅堂沙龙里仍是男女老少相伴混杂。在16、17世纪英国大宅里最为独特的房间可谓"长廊"（long gallery）：往往设在二楼或顶楼，"长廊"名副其实，占据大宅的整个正面或侧面，长到七八十米亦不足为奇，而哈德威克宅的精美长廊足有51米长（图45）。在阴雨绵绵的英国天气里，"长廊"成了大家族社会生活的焦点中心（图46）。虽然有各种活动同时淆杂，但因为只有上层社会与家族成员，其氛围比起中世纪吵闹熙攘的厅屋自然要优雅许多。长廊展示家族藏画，实为画廊；跳舞、奏乐、娱乐亦在长廊举行；主人带着客人漫步参观，显示家族财富品位，眺望室外庄园美景；在此有年轻男女戏谑，少童嬉戏，老人听牧师布道；天气不佳时（这在英国是常事），家人于长廊里可散步活动（据说后期有长廊竟成了打板球的场所）。如此"多功能"长廊，到了18世纪已有了特定功能区分，成了纯画廊或雕塑展廊了（图47）。

在学习欧陆文艺复兴的现象后面，房间的内向性与独立性是悄悄驱动英国建筑革命的真正动力。最有效的手段，亦是英国建筑对现代性最大的贡献，即是利用走廊以保证房间的绝对独立与私密性。1662年罗杰·普拉特爵士（Sir Roger Pratt）在伯克

图44　哈德威克宅外景，英国德比郡，阮昕摄

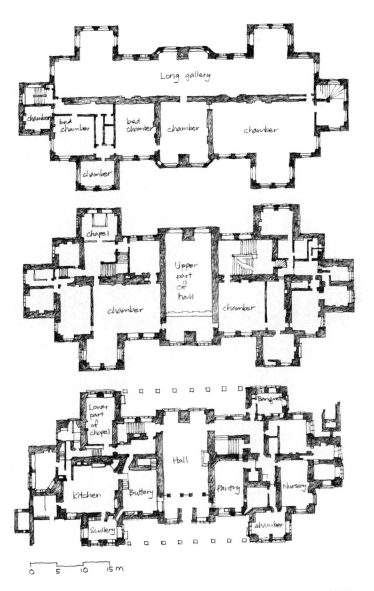

图45 哈德威克宅平面：底层、二层、三层（带有"长廊"），阮昕描绘

图46　哈德威克宅"长廊"内景，英国德比郡，阮昕摄

图47 查茨沃思宅18世纪加建的"雕塑展廊",英国德比郡,阮昕摄

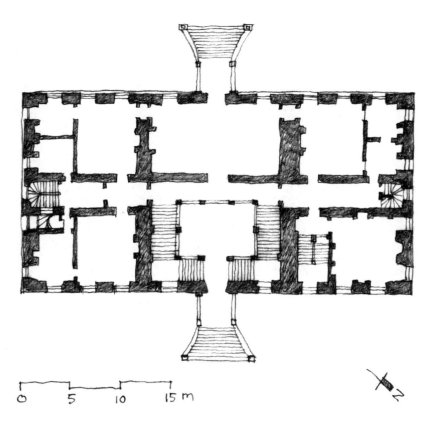

图48 克斯希尔宅"夹心饼"平面，载约翰·萨默森，《英国建筑（1530—1830）》，
1953年，阮昕描绘

郡（Berkshire）设计建造了克斯希尔宅（Coleshill House），并称其为"夹心饼"（double pile）（图48）：在古典对称的面具背后有一条走廊横穿整幢建筑；若将房间之间的门关闭，走廊两边的房间只能通过走廊本身通抵。换言之，因为走廊起了连接的作用，一个房间于是变成了完全独立的"终点"房间（terminal room），从而私密性得到绝对保证。虽然以走廊来连接房间的平面可谓史无前例，但根据以上16世纪到17世纪英国乡间大宅的演化，可以证明此宅并非如埃文斯所言是"从天而降"[1]。英国著名建筑史家约翰·萨默森（John Summerson）倒是一眼看出克斯希尔宅在比例尺度上是受帕拉第奥的影响，而在观念上则不同。[2]只是萨默森既无进一步阐述，更未预料到走廊的出现对未来英国乃至世界建筑将起的划时代革新。

到了18世纪，布尔乔亚式的自主精神与个人意识在英国已融入大量涌现的中产阶级。在伦敦、巴斯（Bath）等城市里，一般的中产家庭可以住进营造商批量开发的城市排屋里（terrace house and town house）。一间两层排屋虽不可与贵族的乡间豪宅同日而语，却也是有自己一方天地与人之尊严的个人空间。典型的18世纪排屋，所谓"萨默森平面"（图49），借助楼梯与短短的走廊，上下两层四个房间于是有了独立性与私密性，遐思浮生于是完全在个人的房间里通过想象的空间去滋生拓展了。在贵族与殷

1　Robin Evans, "Figures, Doors and Passages", p. 74.

2　John Summerson, *Architecture in Britain, 1530 to 1830*, Penguin Books, 1953, p. 94.

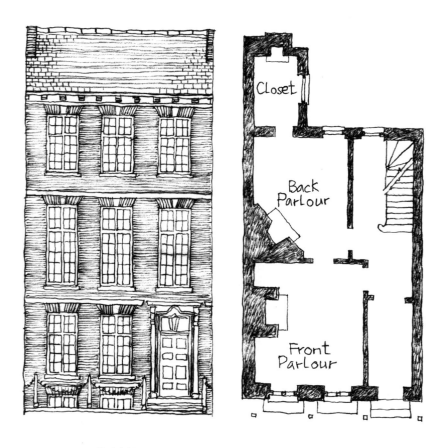

图49　萨默森排屋平面（Summerson Plan）及立面，载约翰·萨默森，

《英国建筑（1530—1830）》，1953年，阮昕描绘

实之家的大宅里，走廊的出现与运用则将日常生活艺术礼仪与戏剧化了。建筑师罗伯特・亚当（Robert Adam）在1773年到1774年间为史丹利勋爵（Lord Stanley）在伦敦格罗夫纳广场（Grosvenor Square）26号设计建造了著名的德比宅（Derby House）（图50）。每一个房间的设计、房间之间的空间序列以及走廊的运用，都是为演这一出已经写好的晚宴戏：客人到达、餐前闲话、上等侍佣的出现、藏于走道里的下等佣人服务备餐、主客就餐、餐后绅士们聚于藏书室用餐后酒与雪茄烟、夫人们则隐退到闺蜜间（closet）……，如此这般。后来该宅被改用作俱乐部，过去量体裁衣般的种种房间及仪式序列就不再有任何含义了。无论如何，德比宅中每一房间的原意都只存在于其内向性及独特性之中。该宅被拆除则是后话。

　　走廊（corridor）来源于14世纪时期的西班牙与意大利语，其意是指如同飞毛腿般的信使（courier）。[1]在建筑中该词演变为corridoio，指的是私密通道，如连接梵蒂冈（Vatican）与圣天使古堡（Castello S. Angelo），以便教皇在紧急时刻遁匿之用。走廊后来在意大利与法国的演化多是借此来颂扬建筑的伟岸与房主的身份。从上文中不难看出，如果走廊亦是英国人"拿来主义"的一分子，其原意到了英国人手中则几乎完全变味了。在17世纪末和18世纪初戏剧家约翰・范布勒（John Vanbrugh）为查尔斯・霍华德（Charles Howard）伯爵设计建造霍华德城堡（Castle

---

1　Mark Jarzombek, "Corridor Spaces", in *Critical Inquiry* (Summer 2010).

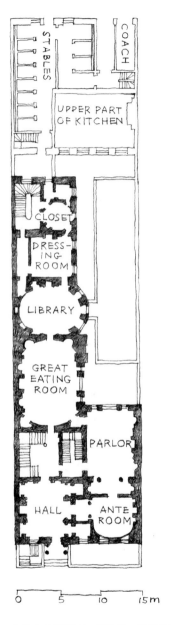

图50　德比宅底层平面，载约翰·萨默森，

《英国建筑（1530—1830）》，1953年，阮昕描绘

Howard）时仍需要解释说走廊是外来语：用简明英语来说即是通道（passage）矣。[1]此人在这之前从来未设计建造过任何房宅。经过近三个世纪的演化，走廊到了19世纪已成了英国建筑中最为显要的建筑元素了。其作用，简言之，竟是一对矛盾：既连接而又分隔种类繁杂、大大小小的房间。

罗伯特·克尔（Robert Kerr）教授于1865年成书《绅士之屋》（The Gentleman's House），可谓英国人走廊艺术之集大成也！到了维多利亚的鼎盛时期，英国人已不可忍受多于一扇门的房间。就英国人而言，每一个房间有其独特的功用，所以必须与其他房间彻底分离开来。一个乡间大宅里名目繁多的房间可多达50余种。正因为每一个房间都是"终点"，而贵族绅士的大宅里如此众多的房间还须做到井然有序的分区——公共与私密活动、男女之别、家人与客人、成人与小孩、主人与佣人，如此等等，走廊的运用自然是住屋设计中的艺术重点了。克尔教授身体力行，在《绅士之屋》出版大约一年之后，设计了拜尔沃德宅（Bearwood House），以演示书中有关走廊的理论（图51）。拜尔沃德宅是为报业大王约翰·沃特（John Water）所建。上文已提到，英国的庄园大宅不同于意大利文艺复兴时期的乡间别墅，后者的作用只是在夏季供贵族学人逃离商务政事，以便研学清谈之用；而英国的庄园大宅从来都是"全年制"的。拜尔沃德宅中大大小小的房间

1　Charles Saumarez Smith, The Building of Castle Howard, The University of Chicago Press, 1990, p. 55.

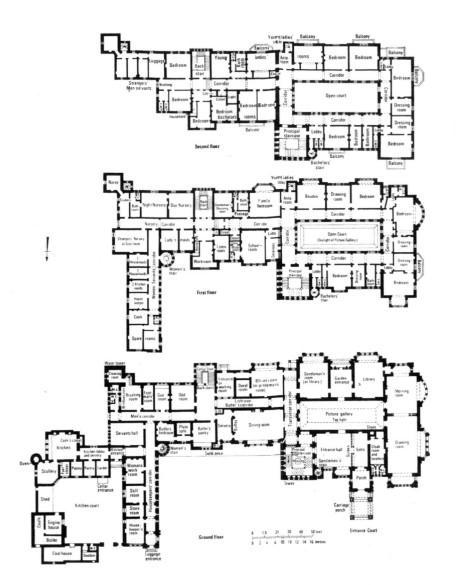

图51　拜尔沃德宅平面，载罗伯特·克尔，《绅士之屋》，1865年

种类多达30余种。

到了维多利亚时代，英国的庄园大宅已完全无须勉强去追求古典及文艺复兴般的对称构图了，仿佛回归到了中世纪自由的民间风格。其实拜尔沃德宅非对称的自由构图多为克尔教授以走廊求隔离的结果：好比克尔教授利用走廊这把锋利的刀将一个错综复杂的社会有机体根据尊卑、主客、男女、老幼种种切割划分得一清二楚了（图52）。首先是利用走廊分区，于是主人、客人的活动区域与仆人的服务区域有了各自单独的入口；其次则是利用走廊对各种活动的级别与男女的分离。克尔的"绅士之屋"名副其实，绅士的活动多在底层，而妇女儿童则在二层、三层。这是通过楼层来达到隔离的目的。以佣人的活动为例，走廊在拜尔沃德宅中的分布定位令下等仆人，如厨子、洗衣工等，绝不会涉足于绅士活动的领域；而只有管家，照顾主、客人日常起居的佣人方可出现在由走廊限定的区域之内；照看女主人及小孩的女佣奶妈亦有其专门活动的路线。

在一个管理有序的庄园大宅里，一个手拿扫帚或鸡毛掸子的女佣绝不能让主人或客人碰见；如果某个倒霉的女佣在走廊里撞见公爵，就有可能被开除。而在17世纪末期的法国凡尔赛宫中，"太阳大帝"路易十四在宫中偶遇女仆，则会摘帽致礼。虽是皇帝，路易十四的生活，无论公私，都展现于凡尔赛宫这公共舞台之上，而凡尔赛宫自然没有通过走廊而设层层分隔以求独立私密的房间了。哪怕是"更衣"之劳，西人虽雅称"回应自然之召唤"（answering nature's call），也竟在宫中随地解决……。理论

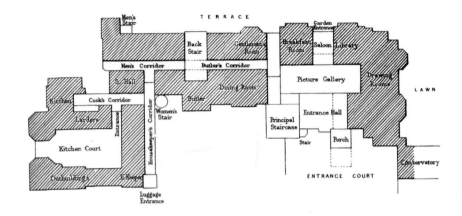

图52　拜尔沃德宅借助走廊分区图解，载罗伯特·克尔，《绅士之屋》，1865年

与实践最终难以完美结合：人的活动怎可能如牧羊般由空间划分来完全限制？各种活动难免会在功能限定不同的走廊里混杂；再加上名目繁多的走廊虽由克尔在平面上理顺，而楼梯所带来的垂直联系则数量有限。拜尔沃德宅中的实际生活远没有克尔理论上所允诺的"绝对"私密性，繁杂的走廊于是竟成了日常生活中的累赘。

如此名目繁多的房间在走廊的组织下，形成了有序的戏剧背景。到了19世纪已远不止是服务于私密性及个人意识了。如同历史上其他"浮生"之念在建筑中的物化，"内向之浮生"，其犀利鲜亮之原意，经过三个多世纪的磨合，已变得有些圆滑模糊，成了世袭贵族以及新富显露虚荣浮华的有效手段了，其主要目的竟是将社会与家族中的贵贱尊卑彻底物化。

18世纪到19世纪间不少英国世袭贵族已是"土地富有而现金拮据"（land rich but cash poor），往往无能力维持庄园的巨额开销。美国的新富正好提供了解救的及时雨：唯一在美国买不到的是英国世袭的爵位。于是带着巨额嫁妆的美国千金纷纷嫁到英国败落的世袭贵族家中，一时间有了"美元公主"（Dollar Princess）的称号。其中最著名的应是1895年嫁给第九任马尔伯勒伯爵（Earl of Marlborough）的康斯薇洛·凡德贝尔特（Consuelo Vanderbilt Balsan）。第二次世界大战期间英国的丘吉尔首相即是此家族里的旁系。康斯薇洛当时携带250万美元（相当于如今的6 800万美元）的嫁妆。于是"新"钱与"旧"钱之间的品位分野之争在英国庄园大宅里展开。康斯薇洛后来在其回忆录《错彩镂金》（The Glitter and the Gold）中写到她曾令管家将客厅的壁炉点燃，而管家却因主人让他干如此下等之杂活而深感震惊。[1] 在"新"钱与"旧"钱之间，在世袭贵族与新富之间，19世纪英国的乡间大宅几乎成了一部为显贵的戏而专门设置的舞台背景了。

英国19世纪小说中描述的庄园派对即是如电影脚本般的一幕幕场景（图53）：客人驾车经由宽阔的景致抵达庄园，迎面而见的是雄伟华丽的建筑立面；客人经正门进入巍峨的大厅，再经由舞台般的大楼梯及不同的走廊导向大大小小的客厅休息间；随客人而来的下人则携行李由为佣人而设的侧门或后门进入。在接下来的日子里，淑女和绅士们分别从事不同的休闲活动。女士们在客厅（drawing room）中闲聊、刺绣、品茗或是在室外宽广的草坪花园里漫步、骑马、野餐、画画……男士们多在室外漫步、骑马、狩猎、打板球及草地槌球游戏。

白天活动完毕后则沐浴整装，以便聚于客厅里享用鸡尾酒。一天中的高潮是于鸡尾酒之后，主客如仪式演绎般通过专设的走廊步入餐厅用正式晚宴。晚宴之后女士们隐退到小客厅，而男士们则进到藏书室小坐，然后聚于游戏室（billiard）或吸烟室抽雪茄、饮餐后甜酒。前文提到，哪怕是无法伸展翅翼的都市大宅，亦可利用精巧排布的走廊来演绎这出英国上层津津乐道的浮华社会剧。世袭贵族与新富间的虚荣势利自然不在话下，而深藏于走廊与独立房间背后的"内心世界"毕竟是其根深蒂固的初衷。

英国19世纪后期"工艺美术运动"（Arts and Crafts Movement）代表人物威廉·莫里斯（William Morris）与其建筑师朋友菲利

1　Consuelo Vanderbilt Balsan, *The Glitter and the Gold*, George Mann Book, 1937, p. 75.

图53　霍华德城堡（1699—1790）外景，英国约克，阮昕摄

普·韦伯（Philip Webb）合作而为自己设计建造的"红屋"（Red House）即是一个充满矛盾的案例。从表面上看，"红屋"一反文艺复兴之复古对称布局，有自由伸展的中世纪"田园"之风；砖工木作，体现手工技艺与自然材质，反对机器产品，可谓"崇尚中古时代者"（medievalist）的精心之作矣（图54）！但透过现象探本质，埃文斯大笔一挥，将其盖棺论定于典型19世纪英国住宅，因为"红屋"的建筑平面仍然是遵循走廊与私密独立房间的英国模式（图55）。

其实充满浪漫情怀的莫里斯一心希望能在"红屋"与其知己艺术家爱德华·伯恩-琼斯（Edward Burne-Jones）过一种中古时代般的工艺劳作生活。"红屋"中的走廊亦是有意拓宽以增加佣人与主人的接触；走廊里甚至还开有景窗，以便做家务的佣人可以看到主人在花园里的活动（图55）。尽管如此，莫里斯与伯恩-琼斯两家人在"红屋"的合居生活为时不长，几年后不欢而散，"红屋"也由莫里斯低价卖给他人了。从"红屋"之例引申，以约翰·拉斯金（John Ruskin）和莫里斯等人为代表的"中古崇尚派"以及"拉斐尔前派"（Pre-Raphaelite）的艺术家们或许在内心深处仍然是19世纪现代性的产物，即一个充满自我与内心追求的"布尔乔亚"。

结语：房间成了一道风景

到了20世纪初期，贵族乡间庄园开始败落，随之而逐渐淡化的

图54 红屋外景，英国伦敦，阮昕摄

图55 红屋平面（左：一层，右：二层），阮昕描绘

正是这极为珍贵的"内心世界"。英国作家伊夫林·沃（Evelyn Waugh）在其名著《故园风雨后》（*Brideshead Revisited*）中将弗莱特（Flyte）家族残余的贵族生活描述得淋漓尽致，而隐藏在浪漫的怀旧情结以及犀利嘲讽的文笔后面其实是伊夫林·沃对20世纪这个"苍白时代"（this ghastly age）所展开的一场严肃的抨击。借用女主人公朱莉亚（Julia）之口，其丈夫雷克斯（Rex）就是这么一个完全丧失了"内心世界"的现代人："他绝不是一个完整的人。他只是人的一个极小部分，而且是极为不自然地生长出来的这么一点；就好像是装在实验室瓶子里一个活着的有机体。我原以为他就是一个原始蛮人，可他却是绝对的摩登而紧跟时尚——也只有这苍白的时代方可造就如此之物。一个极小之分子，而却假冒自己是一个完整之人。"[1] 朱莉亚的这番话也许太直观，而教父默伯莱（Father Mowbray）对雷克斯的勾画在观念上可谓一针见血，若以本文之主旨略加推广，一个不存"内心世界"的现代人，既无"心智的探求"（intellectual curiosity），亦不存在任何"自然"虔敬的心态（natural piety）。[2]

走廊之作用，对于伊夫林·沃笔下早已丧失了"内心世界"的雷克斯之流，所起的作用则多为成全私欲、权利与虚荣了。前

1　"He wasn't a complete human being at all. He was a tiny bit of one, unnaturally developed; something in a bottle, an organ kept alive in a laboratory. I thought he was a sort of primitive savage, but he was something absolutely modern and up-to-date that only this ghastly age could produce. A tiny bit of a man pretending he was the whole." Evelyn Waugh, *Brideshead Revisited*, Little, Brown and Company, 1945, p. 200.

2　Ibid., p. 192.

文提到，历史学家卢卡斯认为到了20世纪中期，以"内心世界"为标志的"布尔乔亚"时代就结束了。随之而至的是现如今的"名人时代"（the age of celebrity）。雷克斯即是当今成功人士的雏形，"浮生"于"名人"已不再是对自由的遐想，而往往仅是其征服广袤空间无止境的欲望。透明玻璃建筑应时而生，密斯将"名人"安居于玻璃盒子中，外面精彩无垠的世界自然尽收眼底，而房间与房间里的人竟也成了一道风景……

对于追求彻底"浮生"的现代人，如同中国历史上前无古人后无来者的诗仙李太白，哪怕密斯的透明玻璃盒子亦是多余之举。在英国人窗帘紧闭、心满意足地在其温馨独立的房间里遐思浮生的19世纪，法国文豪居斯塔夫·福楼拜（Gustave Flaubert）再次道出人类亘古未变、顽求浮生之念，并同时强烈抨击"保守"之住屋："人类文明的一大悲怆即是我们必须住在房子里。我却认为我们本应仰躺着以便眺望星空。几年之内（借助于交通工具的日新月异），人类定将返回游牧状态。我们将会如同古人般，从草原到山谷，漫游世界：这定会恢复我们平和的心境，同时还会将清新的空气注入我们肺中。"[1]如此彻底之"浮生"，无论古今，都不是俗人众生之所望。白居易求"中稳"，以中国集中庸之大

---

[1] "One of the sorrows of civilization is that we must live in houses. I do believe that we were meant to sleep on our backs and looking at the stars. In a few years (because of new developments in transportation) mankind will revert to its nomadic state. We will travel all over the world as people used to do in the past, from pastures to mountains: it will restore peace of mind and put air back into our lungs." English translation by Simon Leys. See *Other People's Thoughts*, Black Inc., 2007, p. 43.

成的合院园宅达到"浮生"与"建筑"的精巧平衡；而在福楼拜如上铿锵之语后一百年，女医生范斯沃斯（Farnsworth）仍承受不了密斯为其设计建造的透明玻璃屋，愤怒之极竟试图将密斯拉上法庭。

范斯沃斯医生半个多世纪前的问题也正是我们今天的处境：人在屋里，外面仍有无垠的空间，是留还是走？20世纪上半叶美国画家爱德华·霍普（Edward Hopper）大半生都在画中重复描绘现代人留与走的心理矛盾：霍普的人物，以厚涂技法成形（impasto），坐于屋内，表情僵硬而纠结，而窗外往往有充沛的阳光、湛蓝的天或宽广的草原……留去两难！且让我们看一下这幅题名为《哲学之旅》（1959年）的画作（图56）：室内白领衣着的中年男人坐于床沿；其状令美国细描作家约翰·厄普代克（John Updike）称之为"被污染的静默"。究竟被什么污染了？我很好奇。此人不仅忐忑于室内外，竟还端坐在躺于其身后的半裸妇与一本半开的书之间。外面灿烂的世界借助刺目的日光侵入房间，哪怕置身室内，也无处躲藏；厚涂而就的床如岩石般坚硬平整，似乎什么也未发生过……一向寡语的霍普曾就该画戏言道："此人读柏拉图时太晚了。"霍普的画作是否已预示"室内生活"及其孪生的"内心世界"已是日落黄昏？"浮生"与"建筑"这对亘古不变的矛盾竟没有在现今建筑里有任何出路。

图56　爱德华·霍普,《哲学之旅》, 1959年, 油画, 76 cm × 102 cm, 私人收藏

建筑历史与人学

一 约瑟夫·里克沃特其人其学

约瑟夫·里克沃特（Joseph Rykwert）是一位学界奇人！其著作学问在西方建筑界的影响，半个世纪以来众说纷纭。有一点可以肯定，里克沃特绝非昙花一现；其思想在现今，以及今后的世纪里仍然会让世人梦魂萦绕。

其名著《城之理念》（*The Idea of a Town*）与《亚当之家》（*On Adam's House in Paradise*）已有中译本，但我猜想或许仍有不少中国读者会问：约瑟夫·里克沃特何许人也？记得在筹备2005年"土地恩怨"（Topophilia and Topophobia）北京国际会议阶段，国内年轻学人与建筑师在网上展开讨论参会者的背景。里克沃特与笔者共同发起此会，弗兰普顿（Kenneth Frampton）在应邀之列。一位网民写道：凡是地球人都知道弗兰普顿。可见弗兰普顿在国内建筑界可呼风唤雨，而国人对里克沃特则所知甚少。尽管国内译介西方历史理论从20世纪80年代再度兴起已有近四十年，而里克沃特自20世纪中期至今对西方建筑历史与思想的深远影响却在中国姗姗而至。原因何在？

其实里克沃特在西方也远不如弗兰普顿那么通俗。当代名建筑师的作品集往往多由弗兰普顿作序，其权威性可以此为证。就连弗兰普顿本人也透露出对里克沃特"边缘地位"之不解。2004年弗兰普顿南行悉尼时曾在饭桌上与笔者感叹："里克沃特之学识在现今无人能及，可惜他却从不将其思想做清晰阐述。"弗兰普顿话出有因：1973年弗兰普顿对《亚当之家》作书评时写道，他对此书最大的不满即"作者未将其论点说清楚"（the author's "failure to make himself clear"）。

如果将弗兰普顿与里克沃特做比较，里克沃特的思想学问并非缺乏清晰度，而是难以及时转换并加以运用。正如里克沃特的追随者哈佛退休教授乔治·伯德（George Baird）所言"缺乏可传播性"（the lack of ready transmissibility）。弗兰普顿宣扬的所谓"批判地域主义"倒是很容易上口而被建筑师沿用作"理论旗帜"。那么里克沃特的思想学问究竟为何？在现今又有何意义？

尽管作为建筑学界名声最为显赫的"边缘人"，里克沃特之思想学问确实难以概括。其中心思想所关注的是人与其工艺品（artefact）——城市与建筑——之关系。与传统史学不同，里克沃特的建筑历史是一门人类学，而非仅仅是物的学问（即对建筑与城市的"文物玩赏"）。对里克沃特而言，城市与建筑的形制是人为的，因而人必须与其建立有意味之关联。此出发点在《城之理念》（里克沃特的第一本学术著作）的《前言》中已表达透彻：

> 市镇绝非一个生理自然现象，而是一件工艺品。此工艺品属于奇怪一类，由意志与随机元素组合而成，从来无法完全受控于人。如果城市与生理学有任何关联的话，它更像是一个梦。[1]

　　将市镇视为一个梦，自然与20世纪显得有些格格不入了。回观20世纪历史，里克沃特颇有生不逢时之经历。1926年生于波兰华沙，13岁时就随父母移居英国。其建筑教育来自伦敦巴特莱特建筑学院（Bartlett School of Architecture）及著名私立建筑学院"建筑联盟"（AA）。毕业后曾在伦敦著名事务所F. 德罗合伙人事务所（Fry Drew and Partners）以及希泼德事务所（Richard Sheppard）工作过两年，就英国只受北欧影响的状况甚为不满。对现代建筑而言，里克沃特眼光已移向意大利早期现代建筑师如皮西可和帕加诺（Persico and Pagano），费基尼和波里尼（Figini and Pollini），加德勒（Gardella），阿尔比尼和"先锋派意大利建筑师"（Albini and BBPR）。里克沃特其实天生就是要做学者。还

1　"But the town is not really like a natural phenomenon. It is an artefact—an artefact of a curious kind, compounded of willed and random elements, imperfectly controlled. If it is related to physiology at all, it is more like a dream than anything else." J. Rykwert, *The Idea of a Town*, Faber and Faber, 1976.

在念中学时他就去旁听鲁道夫·维特科夫尔"古典传统"（the classical tradition）的课。后来甚而至于离开建筑联盟学院追随维特科夫尔到瓦尔堡（Warburg）学院去听有关古代罗马地理的课。可见里克沃特虽然身在英伦，却早已心系意大利。

英国那时的建筑历史研究还停留在对建筑做风格鉴赏的层次上，即所谓"优美如画的传统或图像玩赏"（picturesque tradition, or pictorial appraisal）。深受著名建筑历史与评论家吉迪翁的影响，里克沃特关注的是古典传统之装饰与样式背后的成因。换言之，历代都市与建筑是在什么社会背景之下而产生，通过什么方法令居者对其含义达到理解并与之产生共鸣才是里克沃特的真正关注点。这也就是为什么里克沃特在阿尔多·罗西（Aldo Rossi）的抽象建筑类型学如日中天时对其大为抨击的原因。里克沃特认为罗西所谈之建筑类型（typology），如露天剧场、戏院、避难所及公共浴池，是不可抽象为所谓建筑类型的，因为这些建筑形制是经历数世纪与人之磨炼而产生的有生命的形式，如河中卵石由水流而抛光，是岁月的产物。

里克沃特的经典名著《城之理念》（副标题为《有关罗马、意大利及其他古代世界都市形态之人类学研究》）即是在这样一个背景下的产物。这本书的主要内容讲的是古代罗马以及其他古代世界（包括中国北京）的建城仪式。所谓古代，对里克沃特而言应是指欧洲17世纪即现代科学出现之前的时代。城市的形制（其平面）是通过建城仪式以及市民的参与变得不但可理解，而更为市民身体力行的一部分。这也就是里克沃特不断提醒我们注意的古代世界中的人性。里克沃特写此书的目的绝非恋古情结，而是针对现代社会而言。一个现代市民对其城市的形制及意义是完全脱离的，因为城市的形制让所谓"理性原则"去主宰了——市政道路工程师与市场经济往往做了主导，还谈什么人与其城市的共鸣呢？由市民参与建城仪式的古代社会，城市形制与社会水乳交融，而神话之有益功效则令市民与城市建筑达到意会。换言之，古代市民与其城市形制相互默契。

《城之理念》于20世纪50年代末及60年代初成书时，其论点与当时欧洲战后大兴土木的"理性"时代甚不投合。正如里克沃特在《再版前言》中所述，那个时代年轻建筑师热衷的是英国的"建筑电讯派"（Archigram）及日本的"新陈代谢派"（Metabolism）之类的前卫设计。城市的发展被看作是有机组织，而所谓的"抽斗城市"或"空中步行城市"将建筑与城市描绘成可应对未来变化的机器。在此氛围下，里克沃特将市镇视为一门由人类意志控制与随机元素造就的"艺术"，自然是显得"荒唐而不合时宜了"（里克沃特之语"ridiculously *passé*"）。

所幸的是这样一本"非显学"却及时寻到知音：荷兰建筑师A. 范艾克（Aldo van Eyck，"十人小组"[Team X]的主要领导人）1963年在其主编的《论坛》（*Forum*）杂志上将此书作为特刊发表，并在发刊词中提出如下洞见：此书提醒人们，城市并非只是生产、市场、交通及卫生之理性产物，城市亦非仅是一个应对自然及市场因素之结果。城市同时也必须庇护市民的希望与恐惧。虽然《城之理念》真正成为经典并引起人们注意是20世纪

80年代麻省理工学院出版社将其再版之后的事，范艾克之灼见终于应验。

如果城市与建筑确有人性，而其命运体现在理性控制与随机元素之间，那么里克沃特个人之命运亦可为此论做证。笔者在90年代初读里克沃特著作时曾感到里氏与钱锺书先生神似：虽然都学贯人类文化思想史，文语中却不见理论教化之腔调。字里行间庄谐兼备，处处闪现思想之火光。甚而更为相似的是，著作者个人之灼见在稍事偷懒的读者眼前往往被淹没在宏大渊博的学问里了。难怪就连弗兰普顿也认为里克沃特未能将其观点阐述清楚。钱学读者中不乏有人认为锺书先生的著作仅是读书笔记而已。笔者曾有这样一个荒唐的想法：是否锺书先生与里老先生有意捉弄懒惰的读者？90年代末期初识里克沃特，第一次见面时大吃一惊：里老先生当时高寿已七十有几，在神态上竟也与锺书先生相似。虽然都有博学隽智的秀骨清相，而眉宇中却藏有一丝顽童般微笑。在以后的交往中，里克沃特不止一次与笔者谈到并在其新著中写道：他个人的长相（face）与其命运（fate）有着难以分离的关联。

也许这种关联如同具有人性的城市建筑一般不全由理性主导。1963年版的《城之理念》虽未能让里克沃特一夜成名，而里克沃特却在1967年从一名伦敦皇家艺术学院的图书馆员直升为新近成立的爱塞克斯大学（University of Essex）人文艺术教授（Professor of Art），并担任"建筑历史与理论硕士课"之主任。爱塞克斯大学的新任校长年轻气盛，一心指望创造一个与社会息息相关的反"象牙塔"大学。这对里克沃特来说应是令其"边缘地位"有用武之地的机会，因为他的根本关注点是造就建筑与城市的社会背景，以及建筑与社会之间的互动历史。

这门硕士课哪怕在爱塞克斯大学亦属与众不同。学生入学时必须有职业建筑学的本科学位，而入学后又只学理论与历史。更确切一些，里克沃特让学生精读文艺复兴及之前的建筑文献。在里克沃特看来，以文艺复兴为重点并非只是学历史。如此精读历史文献是为了理解文艺复兴成为所谓现代理性原则的缘起。而这种现代理性正是里克沃特认为的现代性的症结所在。一方面里克沃特让学生从古读到文艺复兴，而另一方面由里克沃特亲自招募来的捷克奇人达里伯·韦塞利（Dalibor Vesely）却让学生从现代现象学读回19世纪。两个人的课相得益彰。虽然这样一门课的最终目的是培养能将思想与实践相结合的建筑师。至于怎样结合，就连里克沃特与韦塞利亦未能想清楚或表达透彻。这门课风雨飘摇了十几年，既没有得到大学的真心支持，亦遭到英国皇家建筑师学会的反对，坚持到1981年里克沃特到剑桥大学做斯拉德（Slade）人文艺术教授时，算是告一段落。

回观历史，尽管里克沃特以及他的"建筑历史与理论硕士课"在爱塞克斯期间未能被世人理解，这门课在今天看来却结下了令人料想不到的硕果。20世纪80年代以来一批在西方建筑界叱咤风云的建筑学人与建筑师竟有一批出自里克沃特在爱塞克斯的课之下。这批人中包括有丹尼尔·里勃斯金（Daniel Libeskind），罗宾·埃文斯（已逝），大卫·莱塞巴罗（David Leatherbarrow），摩生·莫斯塔弗韦（Mohsen Mostafavi），阿尔伯托·佩雷兹－戈麦兹（Alberto Pérez-Gómez）等。

里克沃特在爱塞克斯大学任教期间最重要的个人硕果即是1972年版《亚当之家》与1980年版的《第一代摩登》（*The First Moderns*）。数年前笔者与里先生商讨出中译本时，曾向里先生建议可先译2000年版《场所之诱惑：城市的历史与未来》（*The Seduction of Place: The History and Future of Cities*）。因为在本人看来这本书对当今中国高速发展的城市过程应有他山之石的借鉴。再者此书较里先生早期的著作来说内容以近代为主（18世纪至今），尤其是20世纪的城市，应该能引起更多中国读者的关注。出乎本人意料的是里老先生竟提议第一本书应先译《亚当之家》，其副标题为《建筑史中关于原始房屋的思考》（*The Idea of the Primitive Hut in Architectural History*）。当问其原因时，里先生调侃道：《场所之诱惑》中对中国近年城市发展有过火之言，在中国出版怕伤了中国人民的感情。笔者深知里先生言辞含蓄，总是话中有音。那么《亚当之家》又为何书呢？

假如读者从书名推测，想通过此书寻找原始房屋，或者希望里克沃特能告诉我们人类的第一个房屋是什么样子，读完此书后一定大失所望。里克沃特旁征博引，以现代建筑师，如柯布西耶和阿道夫·路斯（Adolf Loos），对原始房屋的臆断写起，步步回归历史，最后仅是提醒读者，找寻人类原始房屋的欲望只是为了对你习惯做的事情进行再思索。换言之，里克沃特发现现代人对所谓"原始房屋"的索求变成了建筑文化更新的力量源泉，因为第一个必定是最为理想的。人类房屋之缘起自然不是考古实物可证实的。现代人以求源为借口，却是为了对建筑的本质进行再思考，并以此作为对未来幻想的依据。那么"原始房屋"对里克沃特而言意味着什么呢？里克沃特在搜寻的终结告诉我们，亚当的乐园之屋（即第一个原始房屋）并非仅是防风雨的栖身之地，而是以天国乐园为平面，以人为中心的灵魂之屋（house for the soul）。这样一个结论既令人感到踏实，却又令人不甚满足。一方面我们知道房屋不仅须为身体，更重要的是为心灵而造；另一方面乐园之建筑平面为何，又为我们留下无限悬念……

虽然荣升剑桥人文艺术教授，里克沃特在剑桥的七年却又陷入真正的边缘地位。80年代初的剑桥建筑学院仍笼罩在莱斯利·马丁（Leslie Martin）的土地经济论的气氛之下。其研究以量性的理性分析为主导，怎可能容得下里克沃特对历史文献做心理分析的方法呢？里克沃特的"灵魂之屋"在剑桥仍然未遇知音，自然在剑桥的那些年亦不十分愉快。事情真正有所转机则是到了1988年美国宾夕法尼亚大学将其聘为保罗·克瑞建筑学教授（Paul Philippe Cret Professor of Architecture）。对中国读者来说，宾大与保罗·克瑞并不陌生。中国第一代留洋建筑师中有不少留学宾大，而杨廷宝先生在宾大求学时曾与20世纪最为杰出的建筑师之一路易·康同在一班。多年之后宾大建立保罗·克瑞教授一职，路易·康为首任。路易·康于1974年去世，从这个意义上来说里克沃特应是路易·康在宾大的继承人。虽然里克沃特与路易·康从未有过会晤，里克沃特多年后写了一本路易·康专集，字里行间可见里克沃特与路易·康有心领神会之意。

里老先生得知宾大保罗·克瑞与中国第一代建筑师的关系已是90年代末期之后的事了。在笔者的提议之下，里克沃特与笔者于2003年在宾大共同发起了"学院派、保罗·克瑞与20世纪中国建筑"的学术研讨会。其实里克沃特对于19世纪法国学院派的教条性是持批评态度的，不过他认为保罗·克瑞在美国并没有一味宣扬肤浅的"历史主义"，而是传播一种"修正"方法（revisionist approach），侧重建筑平面的品质以及其对整个建筑的根本影响，建筑的比例以及建筑师在工匠面前的虚心精神。这么看来，路易·康与杨廷宝得自同一师传亦不足为怪了。

应该说里克沃特事业的巅峰在宾大。1996年其巨著《柱式之舞》（*The Dancing Column*）出版，书中将人体与建筑的关系追溯至古典希腊柱式。同年，宾大召开里克沃特学术研讨会，其学生同事，包括著名建筑师查尔斯·柯里亚（Charles Correa）及威托里奥·格里高蒂（Vittorio Gregotti），共聚一堂研讨里克沃特对20世纪后半期以来世界建筑的深刻影响。会议论文由里克沃特过去的学生乔治·多兹（George Dodds）和罗伯特·塔弗诺（Robert Tavernor）编辑成书并于2000年出版，其书名为《人体与建筑》（*Body and Building*）。早些年在宾大正式退休后里老先生仍然每年从伦敦飞到费城给博士生上几个月课。在学术上更是笔耕不辍。2000年出版的《场所之诱惑》可看作《城之理念》的续篇。而其命运则与当年首次在荷兰出版的《城之理念》大相径庭了：此书一出，世界各大通俗媒体竞相褒扬。2005年中在北京、悉尼开会期间，笔者看到里老先生正在审读其有关近代艺术与建筑的书稿；想必此书不久亦将问世。[1]回观里克沃特学术生涯，以及其两本早期名著《城之理念》与《亚当之家》对现今又有何启迪呢？

二 里克沃特与当今建筑

20世纪90年代末期，里克沃特的好友美国怪才建筑师约翰·海杜克（John Hejduk）在一次采访中谈起现今的建筑状况。海杜克从他曼哈顿办公室的窗户望出去，叹道："如今的房子了无生气（life）。"

如果说文学是"人学"的话，建筑若要构成一"学"，并非仅指一幢实实在在的房屋，其必为"人学"。换言之，离开了造其、居其与论其的人，不仅连房子也不存在了，还谈何建筑？奇怪的是建筑学自17世纪末期进入法国学院之后竟一直未能成为"人学"。18世纪末期的学院派在巴黎美院已如日中天。在这之后建筑学似乎只是作为平面、立面与空间的造型学问。甚至到了20世纪60年代，反叛的"德州骑警们"（Texas Rangers）又将"形式研究"招了出来。"德州骑警"倒是一群活生生的人，可到了20世纪后期，大多学院里的所谓"形式逻辑"却连游戏的趣味都不存在了，弄得有点像19世纪初期巴黎理工的领袖杜朗（Jean-

---

1 该书于2008年出版，取名为《审慎的眼光——艺术背景下的建筑》（*The Judicious Eye: Architecture Against the Other Arts*）。

Nicolas-Louis Durand）搞的一套几何数字把戏，只不过杜朗尚以平面的经济性为追求目的，而20世纪后期的建筑师已迷失在形式把戏里了。难怪到了20世纪90年代后期以后，时尚建筑师们将"形式"折磨得支离破碎，并以求新之"前卫艺术"作为唯一追求。

其实在巴黎美院时代还谈及建筑之"性格"（character），可惜多半被误解为"立面处理"了。悲观者危言耸听，里克沃特的学子佩雷兹－戈麦兹就曾宣布，17世纪之后建筑已败于科学之下而不复存在了。城市和房子自然还在，只不过是变成机器了。当然无生气可言。佩雷兹－戈麦兹其实只是用明了直接的语言重述里克沃特的论点：科学取代了神学，建筑无须再去扮演模仿宇宙或世界的角色。建筑的缘起本为一门"模仿艺术"，因而17世纪之后就无存在的理由了。不过里克沃特是属于乐观行动派的，其整个建筑历史学是为现代人而做的人学。里克沃特不断提醒人们，建筑依然可以通过模仿人来重建与其之亲缘关系。换言之，建筑仍然是具有象征性的！

与欧洲不同，现代科学进入中国当然是近代的事，19世纪末期方才与日俱增。而20世纪之后，宫殿建筑成了博物院，寺庙建筑亦在"革了命"之后多变成了旅游"圣地"再兼寺庙，与其他国家没有本质差别。宇宙世界虽无须多费神，可百姓的日子总还得过，千百年来人的问题并无太多变化。里克沃特更像一个人类学家，在过去一个多世纪以来，文化人类学家们发现，除了宇宙世界，原来房屋还在模仿人自身，至少也如一件贴身之衣。里克沃特的巨著《柱式之舞》，洋洋洒洒，说到最后，原来古希腊柱式竟是人体。古人如此，今人亦非例外。里克沃特在将20世纪初期爱尔兰女设计师爱玲·格雷（Eileen Gray）重新介绍给世人时，即将其在法国南部海边为自己设计建造的别墅看作格雷个人生活方式的精确物化！

20世纪80年代，模仿历史样式的所谓"后现代建筑"对"象征性"作了孽，至今仍令建筑师们谈虎色变。现今大多精英建筑师似乎可分为两类：一类以昂贵之"极少主义"为时尚（里老先生讥讽此类建筑为美丽而无脑子的玩偶［beautiful but dumb］），似乎确信"构造性"（tectonics）便为建筑本体之所能了；另一类则依赖"技术万能"，新型的电脑软件能如万花筒般变出无限前所未见的"泡泡"（blobs），"前卫"形式由此产生。无论何种，象征性已是"明日黄花"。

里老先生的学子中倒是不乏对建筑象征性的追求者。大红大紫的里勃斯金在柏林设计了"犹太博物馆"，其象征性非有一本"导游手册"方可破译。里克沃特本人对此评论如何呢？数年前里先生给我讲了这么一个亦真亦假的笑话：里勃斯金的太太一日带美国著名建筑师理查德·迈耶（Richard Meier）参观犹太博物馆，仔细讲解每一部分之象征意义。迈耶突然手指一不起眼之处，问道："这是何意？"里勃斯金夫人顿时语塞，答曰："糟糕，丹尼尔（里勃斯金名字）没给我讲过这地方。"

建筑之象征性看来并非易事，若是人与房屋达不到沟通，建筑师总不至于到自己设计的房子里给人一一解释吧？里克沃特似乎再次向我们强调人与建筑沟通之重要，而建筑之象征亦应从人开始。《城之理念》与《亚当之家》的根本意义即是将建筑恢复为一门人学！

20世纪以来的建筑，大多如同时尚一般风云变幻，变来变去多半只是视觉形式而已，没有体现出太多里克沃特视建筑为人学的关注。在我们研读里克沃特的同时，不禁要猜测试问：21世纪是否还会沿袭上个世纪对建筑不断进行视觉包装的传统呢？或许里克沃特的建筑历史与人学之目的即是敦促我们重新思索"建筑为何"这个炙手可热的问题。

三　结　语

海杜克第一次到巴黎拜谒柯布西耶的拉罗歇别墅（Villa La Roche）。走进门转了一圈便惊呼：这哪是什么房子？壁炉没法儿用，简直就是神龛；一张黑色大理石的桌子犹如圣坛……这房子是教堂！

将建筑称为机器的柯布本人倒是人味十足，其幽灵至今仍游荡世间。拉罗歇别墅改变了海杜克一生的建筑观。如今海杜克亦已作古，而建筑中的"生气"仍是一个挥之不去的问题。里克沃特的《城之理念》与《亚当之家》终于出中文版就是例证。2006年是里先生80华诞，这两本书的中文版算是一份来自中国的薄礼吧。[1]

1　原文作于2006年6月；笔者于2017年5月去伦敦看望里克沃特，先生91岁高龄，仍然精神矍铄，笔耕不辍。

获奖·建筑

一　王澍获奖

王澍仁兄荣获普利兹克大奖（Pritzker）的消息竟是住在昆明的老父亲首先传来。老父亲异常激动："王澍当年只身一人到云南采风，背着一个小包，在我昆明家中小住，我们很谈得来。"父亲过去做过多年建筑，自然以认识当年的王澍为荣，兴冲冲从网上查到王澍邮箱，发去贺信。

住在遥远南方悉尼的我这些年来有如白居易所谓"中隐"，消息不是特别灵通。不过奇怪的是就在王澍获奖几天之前，我在电话上与居正兄竟然聊起此事。事出之因是我在悉尼的同仁格伦·默克特（Glenn Murcutt，2002年普利兹克奖得主）老先生在几个月前提起他和普利兹克奖的评委们要到浙江去看一个中国建筑师的作品。居正兄在电话里听到我传去的小道消息后说："普利兹克奖对中国建筑师有如天上之星，不过这次说不准真会落主王澍。"

王澍兄荣获普利兹克大奖自然是他个人，亦是中国建筑界的一大幸事。此言并非空洞俗语。如今世界上的艺术奖项，包括建筑奖和文学奖之类，大概有两种：一种是建筑师或作家自己去要来的，即送作品去参加评奖；而另一种则是不要自来，由一些藏在幕后的权威评委们去提名、争论，然后给奖。普利兹克奖属后一类，于王澍及中国建筑界，岂不是福星高照，幸事也！承蒙居正兄约稿，谈论王澍获奖，虽然多年没有联系，就借此机会发去贺信，也顺便谈一些杂感吧。

二 文如其人

讨论王澍获奖，自然离不开谈建筑。惭愧的是我还没有机会去体验王澍的作品。这些年来在对跖之乡教建筑、读建筑，也做一点小建筑，渐渐形成了一个偏见：照片上的建筑与亲身去体验过的很不一样；在一幢房子里住过并倾心品味过的与只去匆匆一游过的则大不一样。对于悟性极高、经验充沛的建筑师，将平面、剖面详熟于心后，或许在亲历建筑之前可猜到八九不离十。不过亲身体验建筑仍无法被取代。最近在网上听了王澍的一个演讲，王兄笑谈其作品很让摄影师头痛，不容易拍摄。这令我想起20世纪早期以维也纳为据点的路斯亦有相似论调。路斯认为照片不足以展示其建筑室内之精髓，因而不大愿意将其作品以照片方式出版。在20世纪二三十年代，照片建筑的风头都让柯布西耶之流给抢去了。早期的柯布在照片建筑上可谓登峰造极：以萨沃伊别墅（Villa Savoye）为例，他亲自摆布道具（如礼帽、大衣、鲜花、高尔夫球棍、面包、咖啡壶之类），考虑光线，并精心选择每一张刊登出版的照片。萨沃伊别墅似乎为照相机而潜心设计打造。

后期的柯布则判若两人：50年代在巴黎建成的焦宅（Maisons Jaoul）似乎已不那么上相，而这却是柯布的人性之作。柯布之人生与建筑的转变不正如中国人所信奉的"文如其人"吗？虽然在这里没有资格讨论王澍的建筑，不过好在其他同仁会有灼见。那么就借此机会让自己沉迷于一番往事的回忆，或许还能从另一个角度为年轻的建筑同仁提供一些认识王澍建筑的素材。不过回忆之前务必要提醒读者：这里所谓"文如其人"之"人"有两个。钱锺书先生在《管锥编》"一九五，全梁文卷一一"中称之为"作者修词成章之为人"（persona poetica）与"作者营生处世之为人"（persona pratica）。钱先生警告说这两者"未宜混为一谈"。此文严格谆听钱先生的警言，只谈王澍之"persona poetica"矣！

三 文人建筑师

王澍称自己是"文人建筑师"，而其设计图房[1]为"业余建筑"。这与我当年认识的王澍十分贴切，甚而是最自然不过的了。换言之，这些形容头衔放在王澍身上似乎无须再加任何解释。我曾在一篇讨论"无用之用"的人文教育札记里提到，中国古代完

---

1 "图房"为工作室或事务所的早期称法，更接近法文 *atelier* 和英文 studio 的原意。

全没有职业艺术家的概念，更不用谈职业建筑师了。诗书琴画，为士大夫仕途之外的业余消遣，其无用之有用无非只有一点：陶冶性情。艺术只是手段，而目的是修炼庄周设定之极高境界——外化而内不化。王兄当然是悟道之人，无论何种技艺，一旦成了职业，也就意味着艺术的终结了。其实在艺术之外亦是如此：职业政治家的出现难道不是西方政治的终结吗？西蒙·莱斯（Simon Leys）谈到英国作家切斯特顿（G. K. Chesterton）就"严肃"与"荒唐"的论点与中国文人的"业余爱好"殊途同归。莱斯问道：我们有没有"职业诗人"之说？我们有没有要求做父母的要有"职业资格"？天下做好父母所需的苦功和天赋难道不高于胜任工作的律师和牙医？

我1982年进到南京工学院（现东南大学）建筑系时，在二年级的王兄已如一棵颇具感召力的大树，枝叶冠下有一帮追随者。我曾经一直误认为其名即是大树，多年后才意识到王兄原是一场及时雨（澍）。每次暗笑自己的粗心大意，都会联想到人名、面相与个人命运的奇怪关联。东方如此，西方亦不例外。约瑟夫·里克沃特老先生就不止一次笑谈自己的面相与宿命密不可分。段义孚先生发现John Wisdom（J. 威兹德姆，词义为智慧）是剑桥大学哲学教授，Russell Brain爵士（R. 布雷恩，词义为大脑）是牛津大学杰出脑科专家，John Place（J. 普莱斯，词义为地方）是美国加州地理学家，如此这般。钱先生锺书自然不在话下，就连其字默存也竟然预示了钱先生在20世纪70年代末期《管锥编》的文言手法与笔调。王兄天生就要成为中国建筑的一场及时雨，普利兹克奖即是证明。

我在2006年版的《新中国建筑》（*New China Architecture*）一书中提到王澍早在大学时就负有一种复兴中国文化的使命感，而同时亦对传统的压抑充满反叛情绪。杨廷宝先生1982年仙逝。而我离开南京多年之后对从美国宾大传来的巴黎美院建筑教育做了一点考查与思考[1]，才意识到当年杨先生带回来的精华，经过后人传承，到了80年代初期已不乏干枯教条了。王澍天资聪颖，字写得好，图画得好，应付"绘图表现"一套轻松自如。不过似乎王澍认为教条之由是缺乏西方早期现代建筑的冲击。我有幸加入了王澍的"小圈子"，因而有机会仔细观摩王兄的每一个设计作业，发现王澍总是在绘图表现上要有一些"别出心裁"，令习惯水墨水彩渲染的指导老师略有不适。而在设计上王兄总有某种经过翻新再现的中国文化题材。往往是绘图表现上迫使老师不得不给王澍打分较高，而最高分则一般留给毫无创意而表现完美的安全之作。

我对这种玩法的亲身体会是参与1985年的英国皇家建筑师协会国际建筑学生竞图（The Concord Gallery to Hockney & Caro: RIBA International Student Competition）。王兄当时已在四年级毕业班，带领低班的我和岳子清合作参赛。出题者是鼎鼎大名的詹姆斯·斯特林（James Stirling），设计题目是为两位英国当代艺术家

---

1 Xing Ruan, "Accidental Affinities: American Beaux-Arts in Twentieth-Century Chinese Architectural Education and Practice", in *JSAH* (*Journal of the Society of Architectural Historians*), Chicago: The Society of Architectural Historians (March, 2002) vol. 61, no. 1, pp. 30—47.

大卫·霍克尼（David Hockney）与安东尼·卡洛（Anthony Caro）设计一个画廊。那一次国际竞图可能是中国建筑学生"文革"后第一次参赛。我们那时读英文的命题一知半解，只是大概猜到霍克尼是具象写实派画家，而卡洛则是抽象雕塑家。多年以后有机会看到了两位艺术家的作品才感到霍克尼具象写实后面的抽象，以及卡洛抽象雕琢中的现实感。不过在1985年的南京我们竟找不到任何有关这两位艺术家的图书资料。不记得是经何人引荐，我们去拜访了一位南京大学早年留学欧洲的艺术史教授。老先生完全没有听说过霍克尼和卡洛。不过老先生说他当年在法国时立体派猖行，而他却不甚理解。有一天乘地铁，看到车窗外的景象在移动，立刻悟到：原来毕加索画的竟是此景！

　　找不到任何两位艺术家的资料，无奈，只好接着猜。具体的设计想法是怎样产生的，现在已经记不清了。不过当时我们似乎有这么一个共识：西方人强调艺术家们的不同点与个性，而我们必须将两位艺术家融入中国人的宇宙世界里。无疑王澍的中国文化使命感在这里起了主导作用：阴阳五行，你中有我，我中有你。霍克尼和卡洛的个人世界均不完善（后来我们在设计图上还在他们的名字后面打上了很大的问号），而将他们置入阴阳互补的构图里才可得到理解。于是十八般武艺全部用上：一个三层的圆形建筑由柯布的piloti（细圆柱）支离地面；平面由一个空缝一分为二，中间以桥相连。地面设水渠与桥，以象征性地强调两位艺术家画廊在建筑内部的分与合；建筑立面一半为新古典元素贴面，而另一面则为抽象网格划分；画廊楼和行政楼用曲形长墙相隔，而墙面向圆桶画廊一边为镜面，于是画廊的两个脸面尽收眼底……

当时斯特林已进入了其所谓"后现代"时期，我们那时已看到他在德国斯图加特画廊的图片，自然希望在建筑立面上贴上一些我们认为斯特林用过的新古典"语汇"，以便能够讨好他。其实我个人在当时对斯特林在建筑与城市肌理关系的巧妙结合，以及内部房间的设计上是没有太多感觉的。现在回过头看一下这个学生时代的设计竞赛，建筑的平面剖面只是被用来对一个想法做一番抽象图解罢了。虽然当时平面没有被用来作为生成内部空间感的契机，不过我觉得平面比起剖面而言还有一点感觉。王澍的勤奋博学在当时的南工建筑系是独一无二的。我隐约记得这平面来源于罗马皇帝哈德良自己设计并建造于罗马边上的行宫（Hadrian's Villa）之内其寝殿的平面，即所谓的"海上剧场"（The Maritime Theatre）。路易·康深受哈德良行宫的影响。我猜想这是王澍独自在南工外文期刊室里潜心描摹康那本大部头专集时的发现。

我们三人分工，一人画一张图。王澍要求图要画得有中国界尺画和木刻水印的效果。设计说明，取名为"设计者的思想和哲学"，由王澍用繁体老宋字写在图上；内容由项秉仁先生帮助翻译成英文（项先生是中国"文革"后第一个建筑博士生，当年正在主攻莱特［Frank Lloyd Wright］建筑）。图画完后王澍用红色水彩渲染衬托，目的是既有中国味道，又有一些反叛躁动之感。裱在图版上的三张图在裁下来之前抬到中大院后院的楼梯平台上请黄伟康先生拍照留底。我今天留存下来的几张照片就是当年黄先生洗印给我们的。

我们虽然没有获任何奖，不过我们的竞图被选登在英国皇家建筑师协会的一个出版物上。记得有一个复印本寄到中大院一楼的办公室里。我们围着传阅，看到自己的图刊登在洋文出版物上很激动，不过英文评论的含义只能是揣测而已，可惜当时也没有留下一份拷贝。

我于1986年秋季，步入王兄后尘，考到建筑研究所，跟随齐康先生读硕士，那些年随齐先生做工程，从江苏各地到福建武夷山，忙得不可开交。现在已经回想不起来为什么王澍当年得以"幸免"，似乎并没有加入做工程的行列，而是悠哉悠哉地和瑞士建筑师维拓（Vito Bertin，后来在香港取中文名柏庭卫），到全国各处去采风看民居民俗。维拓由苏黎世联邦理工学院派到南工教设计；苏黎世高工那一套教法导致的三维空间感，以及对建筑构造的关注，在我们看来很新鲜，于是经常一起去六朝松后面的专家楼里拜访维拓。虽然我当年英文比王澍多出一两句，交流还是十分不足。幸亏维师心静如止水，言语不多。仅以一个用竹棍和棉纸自制的台灯就令王澍和我等五体投地。王澍硬说维师有传教士之风范；不过维拓不仅是带来欧风，也令我们开始关注民居。可能是那时埋下的种子吧，多年后我在调研南方少数民族村落住宅的基础上成书《寓言建筑》（*Allegorical Architecture*，2006年）。数年前我在香港中文大学讲课时巧遇维师。知道维师与顾大庆先生在中大合作多年教设计基础，那时已临近退休。那次见面，发现维师其实十分健谈。或许早年我们英文太有限，往往将国外的人和事都有些浪漫化了。

在那一段时兴"民居采风"的年代，王澍开始大谈欧陆的"结构主义"哲学。他从皖南归来后在《建筑师》杂志上发表了一篇用"结构主义"分析皖南民居的论文。那时民居研究多为测绘图集加上一些历史文化背景。王澍的一番"结构主义"分析，我尽管不大读得懂，只是觉得犹如徐徐清风，甚为新鲜。王澍那时已读了不少哲学大部头，如康德的几部"批判"都啃完了，我们几个同学在他的影响下一起去旁听哲学系萧焜焘教授的近代哲学史。我当时觉得这些翻译过来的结构主义著作，如列维-斯特劳斯（Claude Lévi-Strauss）的《结构人类学》（*Structural Anthropology*）和一些结构语言学方面的著作，中文翻译非常抽象晦涩。王澍则似乎完全没有问题。

记得当时南工学长温益进先生在苏黎世高工读博士，课题好像也是皖南民居。齐先生嘱托温益进在回国调研时指导我们读国外理论。温先生建议我们每人选一本国外理论专著，精读并将其译为中文让他校阅。我当时急功近利，很想知道结构主义在欧洲20世纪下半期的建筑中到底有何体现，于是选了瑞士建筑师鲁奇格（Arnulf Lüchinger）的《建筑与都市规划中的结构主义》（*Structuralism in Architecture and Urban Planning*）。在翻译时得知"十人小组"的干将范艾克与文化人类学及结构主义的亲缘关联，如获至宝，曾与王澍讨论过其建筑作品。王兄当年对范艾克以及赫茨伯格（Herman Hertzberger）之流作品的评价已记不清了，不过他对我和东敏那时少作的点评我仍记忆犹新：我们那时"干私活"中标昆明市中心24层的"护国大厦"。王兄看了设计之后说裙楼不错，只是天窗不够"结构主义"，像是硬加上去的。"护国大厦"盖成后裙楼被甲方完全窜改，已是后话。

其实回想起来，王澍当年对哲学的关注似乎超过他对建筑和书法的兴趣，现在翻看一下书架上那些当年在南京读的哲学书，竟有一本签押着王兄大名的《回忆维特根斯坦》(*Ludwig Wittgenstein: A Memoir*, by Norman Malcolm)的中译本。想必那时我们这个小圈子里书是常常相互传阅的，这本小册子只有等将来有机会再物归原主吧。何为王澍的哲学世界观？当时并没有想过。不过我向来觉得王兄是感性之人，或许当年他对结构主义的关注仅是做个哲学练习而已，而现象学才应该更适合王兄的性情，否则"文如其人"之说就不能成立了。充满感性的罗兰·巴特(Roland Barthes)在彻底"中邪"结构主义之后竟宣称作品出世之后作者就"死"了。前面提到钱锺书先生的警言，由此看来哪怕是只论"作者修词成章之为人"，事情亦非黑白分明。钱先生于是叹道："'文如其人'，老生常谈，而亦谈何容易哉！虽然，观文章固未能灼见作者平生为人行事之'真'，却颇足征其可为，愿为何如人，与夫其自负为及欲人视己为何如人。"不知是否有学人对王澍成名之后的作品做过这方面的研讨？

王澍在读研究生的后期一个人搬到南京近郊紫金山脚下农民家中一间单独的小屋里。表面上是反叛，实际是为了能潜心研读。我偶尔去造访，王澍就以手工拉面款待。那时王澍反叛的名声已经在外，好像南工学校里开始对他不满。事出之因是那年

（1987年？）在重庆建筑工程学院的全国研究生研讨会上王澍口出"狂言"，宣布：中国没有现代建筑，中国没有现代建筑师！当时大家只看到王澍"狂"，却没有想到这其实是王澍对当时国内建筑界的激将法。且让我在此略举一例：大概令外人想象不出的是我们当时那些"爱上层楼"的年轻学人，包括王澍在内，在重庆期间最为仰慕的是郭湖生先生有关中国建筑文化对日本建筑影响的一个主旨演讲。郭先生没有任何讲稿，只是拿着一支粉笔，在一块空空的黑板前，侃侃谈来。一堂课讲毕，整块黑板上已密布着文字和草图，犹如学者个人的读书笔记，亲近而优美。令我们折服的既是郭先生的学识，同时亦是郭先生儒雅的中国文人风范。郭先生已作古，不过我想郭先生在九泉之下一定会对王澍这个文人建筑师在世界上得到认可而欣慰。

大约在1988年和1989年之间，王澍感到南工（那时已改名东南大学）气氛太沉闷，想投奔已在浙江美术学院（现中国美术学院）办"环境艺术系"的吴家烨先生，并希望我也能加盟。我和王澍决定先去浙美考察一番。我们在浙美住了一个星期，几乎天天都去吴先生那里"侃大山"。吴先生谈吐豪放，周围的追随者都是油画系的才子才女。王澍一定是着迷吴先生那里"波西米亚"（Bohemian）般的生活，当场即决定去浙美。而我则更羡慕吴先生言谈中他游学国外的情况，觉得若能到国外悠闲的环境里去静心读书、思考，并去看看原来书本上学过的经典作品，应是人生一大幸事。

1990年底我去杭州办出国手续，并与已在杭州的王澍话别。

王兄那时已和小陆在一起。我们一起骑车在西湖边转，后来在新开张的香格里拉酒店吃了印尼炒饭。临别时王兄说："阮昕，我很为你出国高兴，不过你以后可别成为一个海外华人。"当时只是暗笑王兄的文化使命感，却没想到竟然被他一语道中。而杭州一别至今已有二十多个春秋了。

我在国外早些年（大约从1991年到1996年这段时间）一直与王澍保持书信往来。王兄是书法才子，不少书信我至今还珍藏着。1992年中王兄来信说他准备出国，并在信中写道："你走了一年，我疯狂创作了一年，搞了四五个作品，小到了一个市中心广场的地道口，大到了一个国际标准的画廊。十八般武艺都用上，把这些年对建筑的体会，一一试验。可以说，过去存于想象之中的，多少都变成了现实的。这也许已让不少人鼓噪，但我却体会到一种前所未有的虚脱感。突然变得无所适从，需要以一种更锐利的目光批判过去。你的信来得正是时候。我决定，出去看看。于是把一切放下，准备十月份的托福考试。如能和你会合，日夜长谈，应是一件快事。"王兄接着在信末写道："你年底回来的话，我们又可以一壶酒，一碟豆，侃出几座大山来。"

幸亏王兄当年言出未遂，否则中国今天就没普利兹克奖零的突破了。

以上这些零星的回忆，不知是否对理解王澍这个文人建筑师有些帮助。不妨在这里将王兄于1995年初写的一封信全文摘录与读者共享。在这封信里，王澍的"书痴之像"，对中国传统文化的钟情，以及一个建筑师在经济高速发展的中国极为难得的道德准则，都呈现得活灵活现。

阮昕、东敏，你们好！

新春将来之际，收到你们的来信。感觉活得幸福的人的来信，比什么都更让人快乐。

信中所描述的一切，让我感觉到你们的生活似已经完全融入外面的世界之中。读你们的信就好像在读一本英文小说的中译本。而读者，我，则生活在清朝。前几天我和小陆一起游西湖边的灵峰。由于这个冬季反常的温暖，满山的蜡梅和红梅已星星点点地绽放。山上游人不多，不急不忙。我突然觉得自己有点像赫尔博斯的小说《小径分岔的花园》中的那个书生崔景。在想象的世界中构筑从同一起点到同一终点。同一个人走着完全平行，交叉但不直接相遇的路径，演出着不同的故事。

至于我的生活，很难如你信中那样做一份简报。因为我这一两年来，基本上以一个freelance architect（自由设计师）的身份工作。和建筑圈内人士不大联络，算个局外人吧。一年下来，感兴趣的时候做一两个设计，其他时间宁可闲着。像《浮生六记》这样的书，偶尔翻翻，徒生一两点感触。而我则选择一种类似的生活，浮生，需要时间去体会的，慢慢地，以前看不到的，现在看到了。以前不会哭，现在则动不动为生活中的小故事而感动得鼻子发酸。我把生活安排得很简单，如一个都市中的农夫。

我和小陆的家安在她的单位里，一间12平方米的小室，去年年底分到的。因为是加建在招待所的六楼的屋顶上，结构是简易的砖拱，颇似延安窑洞。如此有趣，很让我手舞足蹈了一段时间，这屋子下雨天会漏点水。但我是这样喜欢它，以至于遇到调房的机会，我仍坚持不搬，害得小陆一到下雨天就得摆上一串盆子。

读你们的信，最让我美慕的是那些让人"窒息"之地就在眼前。而我的山水，则多出乎想象。自然的美景哪里都有，但人生活于其中的那种田园是不同的，尤其是人可以像"人"一样生活于其中的那种。庄子写的那些文章，那些想象中的"诗世界"，让人觉得周围的境况三千年来并没有人们所说的那么大的变化。至于传统建筑的消失，也许不是无可挽回的错误，但经济的高速发展中，人的内心世界中的"神话"世界的消亡，才是一种真正的危险。（一九）九四年初，应杭州园文局之邀，我潜心炮制了一份虎跑景区的改造方案。用拆解的"方块字"为原型，形成一组掩映在泉林之中的"禅心茶道园"，这个我为之抱有大希望的设计被局长简单地否决了。他要一个用红红绿绿的彩灯照耀下的"济公乐园"，用奇形怪状的泥雕来演绎济公的故事。我发现，虎跑这个西湖边少有的清静之地在他们心中远不如嘴上说的重要，商业效益才是最重要的。我既然无意做个罪人，只能放弃。

写这封信时，你们应该已抵昌迪加尔。我最近正在重新琢磨柯布的草图，其中就包括昌迪加尔的。望游后写信，谈谈观感，以满足我的缺憾。我家里装上了电话，号码是xxx，方便的话，就打电话。

希望我平凡的生活故事不至于让你们失望。祝阮昕在佩斯顺利，东敏在国际大家庭中快乐。

王澍、小鹿

（一九）九五年初于西湖边

王兄后来寄来的一封信用毛笔大字挥就。说是要和小陆去西藏旅行，希望能在归来时看到我寄去的柯布草图。这封信十多年来一直贴在我的办公室的墙上。众人都以为是我的一点中国书法装饰，直到王兄获普利兹克奖后才有中国来访的建筑同仁关注到这横幅的作者与内容。我和东敏在1994年到1995年间去法国和印度做了柯布之旅。记得1995年新年前夜抵达郎香镇（Ronchamp）时已是伸手不见五指。旅店老板太太，大概年夜饭已过半，几杯红酒已下肚，见到两个远道而来的亚洲人异常兴奋，当即招呼厨房送来法国大餐和红酒，并神情诡秘地嘱咐我们饭后务必要走到镇中小河桥上去看看。我们饮下几杯红酒后，也就言听计从，穿过空寂的街道走到小桥上，放眼望去，漆黑的夜幕里，只有零星的灯火。蓦然回首，柯布的郎香教堂竟在远处山坡的灯火阑珊处。所谓建筑的灵性与精神在此刻已不再抽象。元旦凌晨醒来，窗外已是白茫茫一片，我们踏雪上山朝圣，心中想到王澍。不知王兄亲身体会到后期的柯布会是什么感觉？在郎香买到一本柯布构思时画的草图集。回到澳洲后复印了精华部分给王澍邮去，也不知是否寄到？这大概就是最后的书信往来吧。电子时代以后竟再没有联系过。

四　获奖建筑师

居正兄约稿时要求我谈谈普利兹克奖在国外的情况。我没有关注过这个奖的起因与历史，任何研讨评判的任务只能是力不从心了。不过既然这篇札记起点于"文如其人"，我不妨借这个机会谈一谈我接触的几位普利兹克奖得主建筑师的印象，算是花边逸闻吧。行文至此，读者定已察觉到，虽然笔者牢记了钱锺书先生的警言，"作者修词成章之为人"与"作者营生处世之为人"依然分野难断。至于与他们的建筑是否有任何关联，还是留给读者自己去掂酌。

2005年末接到邀请去阿姆斯特丹与库哈斯（Rem Koolhaas）大师做"圆桌讨论"（round-table discussion）。同济郑时龄先生亦在应邀之列。库大师在演讲里揭露丹下健三曾被日本军国政府支持，参与过伪满洲国规划，等等。战后又被日本新政府推举到世界舞台上。最后谈及中国政治经济，说是中国并非纯市场经济，钱并不可决定一切。结论是中国的独特经济政治背景为实验建筑师提供了用武之地。郑先生和我都指望库大师能借此演讲对即将破土的"央视大楼"做一番解释。没料到库大师只是在演讲结束之前放了几张形象刺激的"央视大楼"洋片[1]。

我们在台上对谈时话题还是回到"央视大楼"。郑先生指出许多问题，其中包括大楼与城市现有肌理的关系。我借此话题引

1　洋片即幻灯片的老式说法。

申，提出两个问题：如果城市中心变成了一个硕大的雕塑园，奇形怪状的建筑单体相互竞美，那么建筑师是否忽略人在街道地面，以及人在建筑内部的感受？那时候威廉·柯蒂斯（William J. R. Curtis）的"伟哥都市主义"（viagra urbanism）的形象嘲笑还没有出笼。另外一个问题是建筑前所未有的前卫造型是否可以取代对其优劣之评判？毋庸赘述，我们在问这些问题时都已暗示了我们自己的立场观点。另外还有一位加拿大来的建筑学者布鲁德乌（Anne-Marie Broudehoux）参与对谈；她更是直言不讳，恳求库大师利用他在世界和中国的影响倡导关注平民百姓的建筑与都市规划。库大师极为不悦，怒称其言行被误解，最后干脆对台上正在进行的对谈不予理睬，一个人低头在自己的小本子上涂鸦起来。

会后晚宴上，库大师似乎心情已有好转，主动过来闲聊，劈头给我来了这么一个问题："中国如此热火朝天，你干吗待在悉尼？悉尼一无所有，回中国去吧！"我一时语塞，想了一下，答道："在悉尼可以静心品味好日子呀（savour the good life）！"库大师对我这个回答显得十分困惑。

默克特于20世纪60年代初毕业于我任教的新南威尔士大学。现在回母校教三年级设计课。默先生每年都要带学生去澳洲野外一个气候独特的地点（如沙漠、热带雨林等）扎营。老师学生风餐露宿，亲身体验了气候、地质、植被之后方才选地选题做设计。默先生本人快人快语，性格犹如透明的水晶石。我听说默先生对扎帐篷野营乐此不疲，有一次便有意逗乐，对默先生说很想跟他一起去看看澳洲荒野的景观，只是不知是否可住乡下的汽车小旅店。默先生连想都不想一下，立即丢下一句话：要怕吃苦就别去！默先生的名作大多都是林间海滩上的铁皮玻璃度假小屋。在屋里好像置身在野外，而黄昏晚间从外看进来，家常戏剧似乎展现在镁光灯下的舞台上……我猜想住默先生的房子亦需有扎营野外的情趣，也算是一种返璞归真苦行僧似的牺牲精神（asceticism）吧。

在这篇回忆札记结束之前，我想再次回到柯布的郎香教堂。柯蒂斯最近去造访了加建后的郎香：意大利大师皮亚诺（Renzo Piano），另一位普利兹克奖得主，受旨于天主教会，在柯布杰作前的山坡上建满了一片女修道院和访客中心。据说旅游巴士已可直接开到山上。我们当年徒步踏雪上山朝圣的感受已荡然无存了。柯蒂斯叹道："蹚步穿过皮亚诺这些毫无意味的混凝土板块，就如同在聆听到伟岸的巴赫或者莫扎特之前必须强行忍受大喇叭的背景噪声。"[1]皮亚诺是一位聪明有才的获奖建筑师，可一不当心竟可能变成了千古罪人。回想当年王澍在获奖出名之前，因不愿做个罪人，放弃了虎跑景区的改造案。相形之下，我们还有必要做任何理论建筑的评判吗？

---

1 "Wading through Piano's pointless concrete planes is like listening to enforced muzak before rising to the sublimity of Bach or Mozart." William. J. R. Curtis, "Ronchamp Undermined", in *The Architectural Review*, London (August 2012) 1360, p. 34.

无用之用
——从建筑论人文教育[*]

一　危　机

有关建筑师及其行当已趋日薄西山的论调，近年来真是为数不少。如何应对如此21世纪的危机，我听说西班牙马德里的一家建筑学院想出一个奇招：他们发明了一个崭新的硕士学位，并冠名为建筑管理与设计硕士。起初我只是好奇这个学位到底教什么内容？不过转念一想，依名论事这个新学位竟是如今现实之印证：大都市里的标志建筑往往是顾主（如政客）之雄心与明星建筑师合作之结果，这在欧洲经济债务危机之前的西班牙是屡见不鲜的。如此之道，现如今在中国和其他经济富足之国依然比比

* 　本文受益于皮埃尔·里克曼斯（Pierre Ryckmans）教授对教育与职业培训之灼见；文
　　中所用的这方面案例，以及对大学作为象牙塔的辩护，均来自里克曼斯教授在不同
　　公共场合的言论。在此深表感谢。

皆是。明星建筑师（在英文里现已将star architect合为一个新词
starchitect）负责建筑的"时装"设计，而政客则代表付税众生支
付账单，不过整台戏还务必由项目监管的神奇之手来操纵。由此
看来，马德里的这个新学位即将要打造出这么一个新生代：即具
备慧眼，能识建筑"时尚"之监管人才。可叹的是社会对明星建
筑师的需求远不足以挽救芸芸建筑师以及他们的行当，所以建筑
师将日渐消亡之论调又再次受到关注。

危机之说其实起源甚早：在建筑师是否具备任何专长这个问
题提出之时便开始了，工程师的虎威在19世纪的欧洲已是众目昭
彰，不过埃菲尔铁塔的天才工程师还是抱着一个象征性的构思：
铁塔是一个高耸入云并俯临天际线的人物影像。这与传统上对土
地的占领则大相径庭了：塔虽高，但所占土地则不大。维欧勒－
勒－杜克（Viollet-le-Duc）一方面颂扬工程师所具备的科学知识，
同时预测："建筑师的作用将会很快消亡。"[1] 如此危言耸听，并非
令人吃惊，因为维欧勒－勒－杜克本人是理性主义者。他亦猛烈
抨击迂腐的建筑构图手法；似乎这即是巴黎美院学院派的建筑教
育之道（待后文详述）。尽管有19世纪末期的不少文化名流对埃
菲尔铁塔的出现深恶痛绝（这现象本身令人略有不解），文人们
总的来说对建筑师的前景不甚看好。法国文豪福楼拜曾嘲笑道，
"建筑师即是那个忘了放置楼梯的人"；司汤达（Stendhal）则谴

1　Joseph Abram, "An Unusual Organisation of Production: The Building Firm of the Perret
　　Brother, 1897–1954", in *Construction History: Journal of the Construction History Society*,
　　vol. 3, The Construction History Society, 1987, p. 76.

责建筑师将"其时代逻辑抛在九霄云外"。[1] 科技的威力在接下来的20世纪已早将19世纪那点人文的残余掩盖得无影无踪了。到了20世纪中叶，就技术专长而言，建筑师已完全丧失了其存在的理由。因此而令建筑师处于意气消沉之境地，约瑟夫·里克沃特有如下之说：

> 社会学家似乎知道人之所需，他们可以去问人们，因而社会学家方可指导我们如何规划城市与住宅，建筑师只能是满足如上的需求罢了。工程师呢，则可以指点建筑师如何建房子，如何在工业时代将房子组装而成；经济学家又可以教我们如何利用城市土地来营利，以及建筑业与社会就业模式之间有何关联；气候学家呢……如此这般没完没了，而建筑师们反过来则无任何专长可示人。[2]

在建筑师自家的行当里，我们往往问罪于建筑教育，因为如今的大学教育未能替年轻的建筑师们武装足够的技术专长，所以他们无法应对现实世界。在西方这往往是重复多见的故事：建筑师协会与建筑师资格注册委员会不断增加建筑师职业胜任的条

---

1 Joseph Abram, "An Unusual Organisation of Production: The Building Firm of the Perret Brother, 1897–1954", p 76 司汤达得出这个结论稍显意外，但他可能是受到了他的朋友，著名历史方家、纪念性建筑遗产组织（Monument historique）监事长普罗斯佩·梅里美（Prosper Mérimée）的影响。

2 Joseph Rykwert, "Preface", in *Architecture & Anthropology: Architectural Design Profile No. 124*, Academy Press, 1996, p. 6.

款，于是大学建筑学院则必须在教学计划中满足这些要求。实话说，许多所谓职业胜任的条款往往定义模棱两可。在此略举一例：根据一个较新的西方国家建筑教育职业胜任标准，一个合格的建筑毕业生务必要有能力"将一个空间与实体之构思实现为一幢房子"[1]。其实，这已经承认，建筑就本质而言即由"思与手"的合力而生：理念在先，物化其后。既然这个"空间与实体之构思"可以是任何东西，而毕业生在实现房子这一关过不了，我们也只能是不断自责了。而在这责骂声中，因为建筑学院并不跻身于火热的现实世界，它也就最容易被抓出来做了替罪羊。

二　建筑与美感

在我们继续探讨培养胜任的职业建筑师之前，我们不妨暂停片刻，问一问建筑究竟指什么？我们应记得职业胜任的标准指的是实现一幢房子，可我们则问罪于建筑教育之不足，而不去过问建筑施工里各种行当的职业培训。建筑（architecture）一词源于西语，中文是借用了日语翻译。那么在西语中建筑是何意呢？与其重温整部西洋建筑史，我们不妨尝试一个简单的方法，即看一看在英文的日常用语中建筑一词的含义。一个词的原意往往会深藏于其应用之中。在我们这个年代，"architecture"一词通常出

1   "Element 1.1.1" under "Context 1.1" of "Unit 1 Design" in The National Competency Standards in Architecture issued by Architects Accreditation Council of Australia in September 2003.

现于政治用语中："具有改革视野的architect（在此指政客）"，或
"这位现任首相是否具备进行改革之architecture（在此更接近于
'利器'之意）"？由此看来，至少在英文里，建筑（architecture）
一词是指能起某种作用，或具有能动性之利器——换言之，
"architecture"即是力量也！

　　同在英文中，当"architecture"一词用来指一幢房子时，其
含义与上述用法则相差甚远。在此语境中，我们是十分有意识
地用"architecture"来指房屋的美感。明星建筑师的作用于是一
目了然，即创造出史无前例的建筑新造型。换言之，建筑即美
感令建筑师总是承担着要做前卫派的压力。而在我们的下意识
里，美感仅只是为了取悦我们的视觉罢了。然而往往让我们意想
不到的是，英语中美感（aesthetics）一词的词根"aesthesia"（源
于希腊语及后来的德语）并非指什么东西看上去美与不美；其
原意是"感受"以及"新生的活力"。具有生命力的反义词是
"anaesthesia"，其意便是"知觉之麻木"。由此看来，美感在西语
中不光只跟视觉有关，而且应是具有鲜活生命之影响力的。

　　附带在这里提一句，现今所谓的美感或美学，在中国古典文
化中并不存在。中国传统艺术，如琴画诗书，无非是士大夫的业
余消遣，其目的是修炼庄周所云"外化而内不化"之境界，而绝
不是现今社会中的职业艺术家。对于悟道真人，若以艺术形之美
艳而取悦他人，则落入俗境，应是大忌。所谓"大象无形"才是
艺术之最高追求。艺作自然可以流传于知音之辈中以便玩赏，而
绝不可作为投资买卖品。

三 职业培训与教育

假若建筑之源本并非美与不美之类，那么建筑为何呢？而建筑师又需如何培训，或受何种教育呢？通常在建筑师职业胜任的标准中并未将职业培训与教育做任何区分。这两者事实上是风马牛不相及的。

职业培训是让人学会一种技能。举几个例子来看，学游泳，学开车，或学如何在阅兵方阵中走步子，都属于技能培训一类。为了获取驾驶执照便足以成为学开车之动力了。我们完全不需对车有任何痴迷。而这类技能，一旦学会，往往可以享用终身。职业培训于是多与"手"有关，而与"思"无甚关联。而属于教育培养的科目则不同，以学一门语言为例，如学法语或学中文，对这门语言的痴爱，或对这门知识的渴求，才是真正的动力。知识本身与自我熏陶即为最终目的。如果一个人仅是为考试才去受教育，那么学科的内容在考试完了之后很快就荡然无存了。教育因此是终身学习的经历。教育自身亦牵涉到技能技巧。仍然以学一门语言为例，组织词句的技艺、表达与语言的音乐感，均可升华至诗的境界，于是登入艺术殿堂。教育于是务必为"手"与"思"的糅合。

大约在一个半世纪之前，英国天主教学者、枢机主教约翰・亨利・纽曼（Cardinal John Henry Newman）做过一系列的公开演讲，然后合集成书取名为《大学的理念》（*The Idea of a University*）。此书的主旨即是探讨人文教育的目的：知识的自身即是其终极；对知识的追求即是其目的本身。主教纽曼的谆谆教言正是在西方现代科技及专业培训与传统大学的人文教育开始混淆时道出的。

其实两千年前主教纽曼在中国的他乡知己差不多说出了同样的道理，《论语·子路第十三》有记：樊迟请学稼。子曰："吾不如老农。"请学为圃，曰："吾不如老圃。"樊迟出。子曰："小人哉，樊须也！"而孔老夫子早在《论语·为政第二》就已劝导："君子不器。"孔夫子在此似乎就是在讨论通识人文教育：一个有修养的君子不应只是有一种用途的器皿。如此人文教育，因不能赋予我们某种科学专业知识或者某种职业技能以便多产结硕果，在我们现代人的脑子里自然属无用之类了。这种看法似乎并没有什么错。不过在孔老夫子一个多世纪之后我们竟听到道家庄周的智慧格语："人皆知有用之用，而莫知无用之用也。"虽然此言与孔子之共识令人略有吃惊，不过在此领略到所谓"出世"之道家与"入世"之儒家的共性，实在是让人感到踏实。

笔者若延续此论，则大有可能被指控为恋古情结，与现今无关。在此不妨提一下孔老夫子一个令人意料不到的隔世知己：爱因斯坦，毫无疑问是一个不折不扣的现代科学理性人，竟然也对有用的"专家"万分鄙视。爱氏将"专家"描摹为"一只训练有素的狗，而非一个和谐成长起来的人"[1]。那么什么才是无用之大用呢？或者回到本文的论题：如果不足以满足职业技能的培训，

1　Albert Einstein, "Education for Independent Thought", in *New York Time*, 5 October 1952.

无用之建筑教育究竟有何用？在我们试图弄清其道理之前，我们不可以忘掉这么一个有些令人不可思议的事实：孔夫子虽然本人仕途未酬（他只是到了51岁才在鲁国做了不到4年的官，结果以失望而告终），而他的弟子们却远远高于当今所谓的"求职"阶层。他们即是中国早期的士大夫，有不少都做了高官。孔夫子及其弟子所弘扬的精英教育与人文修养便是后来在隋朝建立科举制度的前奏。可以说，近两千年的中国封建帝国即是由科举而造就出的士大夫来统治的。

四　无用的人文教育之用

常言道，人文教育之目的即在拓展思维。所谓通识我们必须精通拉丁文，熟读荷马史诗。不过人文学者段义孚对此学说不甚满意。令人料想不到的是，段先生在读了一节古罗马皇帝马可·奥勒留（Marcus Aurelius）的《沉思录》（*Meditations*）以后，竟对一只面包的品尝产生了无限愉悦：

> 哪怕是按常规做出的事亦有出人意料之处，我们对此务必要潜心视察，由此便能领略引人入胜之妙处。举一个例子来看，当我们烘烤面包时，面包外壳往往会裂开，这似乎不是烘烤的本意，殊不知这倒有一种特别之美；奇怪的是这面包表皮的开裂反而激起我们有享用面包的欲望。[1]

1　Yi-Fu Tuan, *Dear Colleague*, University of Minnesota Press, 2002, p. 103.

对段先生而言，这即是人文教育对人起的作用：它可以让你从生活中获取更多，并可在寻常日子里对其静心品味。如此品评来源于上述"手"与"思"的互动。换言之，为人之生存需造就有用之物，而从其技艺之中，则可有意索取愉悦之感。

五　大学即是象牙塔

人文教育，一言以蔽之，即是陶冶人的一种性情，由此方可对一只面包以及面包师之技艺进行一番审思。如此状态只能产生于个人之内心世界。大学即是象牙塔，其建立无非是将与世隔离的内在世界合法机构化，以便不受琐屑生计之事的侵蚀。象牙塔存在的理由就是其隔绝性。任何有用之技能，从另一角度来看，都只能是在真实世界里从实际工作中方可获取。假设我们认为建筑师的根本职责即等同于营造商和技工一般，就是实现建造一幢房子，那么建筑师的职业技能水准自可讨论一番。不过这不是这篇杂文所关注的问题。也许读者至此仍未心服口服，我们不妨暂且认同教育之有用性其实竟存在于它的无用之中。如果一名建筑师必须在大学受教育，那么我们自然要问一问，何为无用建筑教育之用呢？秘鲁作家马里奥·巴尔加斯·略萨（Mario Vargas Llosa）令人过目成诵之语在此似乎可提供一个十分贴切的比喻："生活之家长里短有如令人厌烦的风暴，而唯有艺术才可提供一把防护伞。"（Life is a shitstorm, in which art is our only umbrella.）建筑除了防范风雨之外，务必升华至艺术之峰以便保护我们少受生活中家长里短之侵扰。这就是为什么建筑师必须接受通识人文教育之唯一理由。

六　建筑教育

上述人文教育之理由竟是学院派建筑教育的初愿与开端。17世纪末期，有"太阳大帝"之称的法皇路易十四有一宏愿：他欲将石匠的地位提升到与哲学家平起平坐。诚然，在这背后法皇是有他隐藏的政治目的：皇家学院（Académie Royale）的建立一定会减弱残存下来的中世纪行会的势力。在皇家学院成立之初，只有一些纯学术性科目在学院授课，由身兼数职（军人、工程师、数学家）的通才建筑师布隆代尔（François Blondel，1618—1686年）主导建筑理论；同时还教授数学、几何学、石材切割、军事构筑及筑垒设防学。在此值得一提的是几何在筑垒设防之作用，而非其外观美感，方为学习之主旨。

经过两个多世纪的风雨飘摇，皇家学院也已变成了巴黎美院。不过有一点未变：建筑设计从来不在学院授课。学生们自己组织在学院之外请一位实践建筑师（法语称patron），并在租来的"图房"（atelier）里学习设计。而学生们往往自己凑一些微薄的俸金付给patron。完成的设计作业（rendu）往往是急火火地送到学院去接受评判。裱在画板上的图由手推车拉到巴黎美院，因为图往往需要连夜赶画好，charrette（手推车）一词后来也用来指赶图之最后冲刺，再后来就变成了设计练习的意思了。

自从建筑师受学院教育的两百年来，建筑设计应该教什么，其实一直都不甚清楚。在其间有过不少定义模糊的说法，而教条者往往将所谓"构图"（composition）作为建筑之本了。后来柯布西耶之流所深恶痛绝的即是由此引申而发展出来的那类毫无生气而充满学究气的新古典构图。18世纪和19世纪交替时的杜朗企图从"有用"之中来给建筑之本加入定义：在对各种形状的建筑平面的经济性进行分析之后，杜朗得出结论，圆形平面因为以最短周长可达到最大面积，是最有效的平面。以杜朗为首的巴黎综合理工学院（École Polytechnique）可以说是挑战巴黎美院的。杜朗找到了建筑的目的：效率性。这或许就是建筑的现代性的开端，而此现代性与能偶尔抵挡烦琐之日常生计的建筑艺术保护伞则有天壤之别了。

随着岁月的迁徙，肩扛着宏愿的巴黎美院依然步履蹒跚，或许是当年太阳大帝的博大初衷依然深藏于潜意识中吧，19世纪与20世纪的交替之际竟然变成了一个清澈明朗的时刻。在19世纪末期的巴黎美院出现了"*parti*"的说法。这在以后几乎全球化的法国教育模式里，尤其是在20世纪早期的美国建筑院校里流传甚广。受聘于美国宾夕法尼亚大学的法国人保罗·克瑞教授曾以十分透明的语言为其弟子们，包括20世纪中国与美国的建筑名师杨廷宝与路易·康，做出如此这般的解释：*parti*如同政治上的党派。一旦你的"党派立场"定夺下来，你就做出了一个明确的选择。所以在法语里*parti*亦是选择。那些用6B铅笔手绘的*parti*草图对于一个训练有素的建筑师来说是再熟悉不过的了。我们今天已不再教学生，或者说不再鼓励他们去这么做（因为据说数字化的电脑工具可以利用参数直接生成三维的模型）。其实 *parti* 是一个图解，通常没有比例尺度，亦不表现建筑的材质，它所揭示的是建筑平面组织之精髓。换言之，*parti* 表达的是通过空间安排来有意识地组织人际关系。或者至少可以这样说，一个建筑 *parti* 的意图即是将人与人之间的关系能动化。沿着克雷教授的足迹，且让我试图对 *parti* 的含义以及能动性做进一步的阐述。

让我们来审视一番住宅的历史：在所谓的前现代时期（或者以西方20世纪之前来界定），不同的文化和历史阶段的住宅种类和风格繁杂；现如今更似乎是依据了个人的需求品位而多姿多彩。住宅既是一个物理场所，又是一种生活方式。如果我们换一个角度，撇开历史上住宅中丰富的建筑形式及大小尺度，贯穿近三千年的人类史，令人不可思议的是，从平面组织的角度来归纳，整个人类的住宅竟只有几种有限的 *parti*。它们即是庭院、房间相互串通的矩阵，以及所有房间唯有一扇门开向走廊这三种模式。换言之，这就是三组住宅的 *parti*。如果我们在略有限定的范围、时间和地点里来审视，一方面它们大致体现了欧洲住宅的演变历史，而其中庭院 *parti* 则代表了中国近现代之前大约三千年的住宅史。尽管房间加走廊的 *parti* 依然是绝大多数现代住宅的主导原则，而房间和走廊之间的清晰界定在现如今已变得有些模糊了。

就住宅中人们的生活以及人际关系的展现而言，每一个不同的 *parti* 究竟意味着什么呢？同属于一类模式（或 *parti*）的住宅，

尽管它们在文化上、地理上和历史上具有区别，其*parti*却超越了
这些多样性而体现出强势的共同点。对于古代希腊的庭院住宅，
古罗马富人的合院，或是中国传统的四合院，其聚中的格局——
即中心庭院（一个或者多个）由房间围合而成，而庭院本身则是
向天空敞开的一个房间。如此"朝向天国的轴线"对古人是十分
有意味的，因为它将世俗生活与宇宙世界连接起来了。所以庭院
除了引入日光与空气，并提供一个日常生活的舞台之外，更为重
要的是，通过在其中举行日常以及季节性的仪式庆典来祭祀诸神
与祖先。举一个我们熟悉而形象化的例子，在中国南方住宅的狭
窄庭院里，那种香烟袅绕的气氛往往与供奉祖先是连在一起的。

对英国建筑历史学家罗宾·埃文斯而言，16世纪意大利的乡
间别墅中房间相互串通的矩阵格局并非无缘无故，而是适合于
"一个以浪荡人生为基点，视身体为人本、好群居之社会"。而在
笔者看来还有一个不同的角度来理解房间相互串通的矩阵格局：
很有可能是由于玻璃镜片及窗玻璃对绘画和建筑的影响，文艺复
兴成为从过去依赖多种知觉来感知世界到了以视觉为主导的转型
期。于是从那些乡间别墅的内部通往外面世界的视觉通道就变得
尤为重要了。如果我们略为夸张一点的话，文艺复兴建筑名师帕
拉第奥设计的圆厅别墅无非是建在高坡上，从内到外四通八达，
以便主人在开派对时观看低谷里燃放的烟花而已。在漫长的夏季
里，威尼托（Veneto）的达官贵族们，远离城里喧嚣繁杂的商务
行政，流连于这些房间相互联通的乡间别业里，既研读诗书、哲
学，亦清淡逐乐，回归古罗马的闲暇之风。

19世纪住宅中的走廊格局则诉说着一个完全不同的故事，因为对那时的英国人而言，私密性已是至高无上的考虑了。[1]对于从中世纪住宅中散漫而联通的格局到19世纪分隔独立的专门房间之演变，有学者们将此视为西方人自我意识的发展过程。所有上述这番见识都证明了 *parti* 是有能动性的。尽管这种能动性也许只作用于潜意识，*parti* 的含义及作用是为栖居者所认知的。[2]

一个社会科学家应该有能力通过 *parti* 的图解对一幢建筑蕴含的意义做一番解读。但社会学家所力不从心的是 *poché*（法语原意是隐藏在衣服夹层里的口袋）：建筑师将建筑平面的墙体部分染黑，以便显示建筑如容器一般的围合程度，房间因而变成了实体中的镂空部分，而门和窗的开口也就清楚地显现出来了。以 *poché* 为手段对建筑平面和剖面进行渲染还体现了人体的尺度、比例以及房间的材质处理。*Poché* 的丰富多彩虽然有可能会埋藏了 *parti* 的可读性，但 *poché* 旨在造就一种体验的品质———一种氛围。更为重要的其实是对人体以及其居住行为进行的建筑描绘。可以这样说，*poché* 在18世纪和19世纪的欧洲是建筑师行业的"看家手艺"。对于当时一个巴黎美院派的建筑学生而言，一个学习建筑设计的强行手段即是对好的建筑平面重复不断地快速描摹其 *poché*。尽管如此表现不乏粗略，这种 *poché* 建筑图展示的正是一种清晰的建筑围合感———也就是说建筑由巴黎美院派来理解应该是一个室内

---

1 Robin Evans, "Figures, Doors and Passages", pp. 54–91.

2 对于人类历史上三个居住模式的详细解读，参见本书《浮生·建筑》一文。

和室外的具备着有意识界定之容器。

一个19世纪的建筑师最终精心炮制的*poché*是所谓的*rendu*——彻底细描渲染的平面和剖面（有时亦是彩色的）。从一些案例可以看到无论是建筑的外立面（由建筑容器的外轮廓界定），还是房间内部（由建筑容器的内轮廓界定），建筑师都渲染至精细无比的程度。其色彩和材质或许没有像如今电脑渲染出的那样具备照片般的真实感：有趣的是那时的建筑师习惯于用在做渲染时洗笔的颜色饱和的水，在最后结束之前对整个图面来一番所谓的"脏洗"。由此看来，那个年代的建筑师所注重的是室内那种可以体味的气氛。

虽然建筑师对建筑立面及室内的细部倍加描绘，不过有一点却令人好奇：在剖面图的渲染上，建筑的外轮廓与室内轮廓之间（即前述*poché*的部分）完全是空白的。不像现代建筑师，19世纪的建筑师从不枉费心机地处理这其间的部位，因为在当时建筑师、营造匠人与工程师之间的合作是自然不过的。对于如何搭建起建筑物，建筑师无须假充内行。著名的佩雷兄弟们，鉴于他们丰富的施工经验和对早期钢筋混凝土的成功运用，可以说是建筑师和营造商合二为一的佳例。即便如此，仨兄弟中作为建筑师的奥古斯特·佩雷（Auguste Perret）仍然潜心寻求建筑与施工建造的区分。[1]

1　参见Joseph Abram, "An Unusual Organisation of Production: The Building Firm of the Perret Brother, 1897–1954", p. 76。在兄弟三人中，奥古斯特是建筑师，古斯塔夫（Gustave）是工程师，克劳德（Claude）是投资者。

而现如今，建筑师们流行画大尺度的剖面来展现他们对建筑构造与细部设计的能力（很多建筑，尽管缺乏一个像样的*parti*，却因为其精美之细部构造而获得设计奖）。这种潮流的结果即是大批量生产的建筑产品以及建筑的造价为建筑设计本身的追求设定了消极而无谓的局限性。

七 "蝴蝶收藏与猜谜"

另外一种理解*parti*和*poché*的途径即是对其强加一番数学解释，由此方可将它们之间看作是模式（pattern）与种类（type）的关系。文化人类学家埃德蒙·利奇（Edmund Leach）是法国结构主义思想在英国的传播者。在利奇看来，强调种类就如"收藏蝴蝶标本"[1]。为了不断求取一种新蝴蝶，我们可以加入到一场搜寻无穷无尽的蝴蝶标本的比赛中。可是退一步看，所有的蝴蝶毕竟都属于同一物种，无非就是蝴蝶而已。换言之，从数学意义上来说它们同属于一个模式。在此我们不妨再次用一下历史上的三种住宅模式，或者说三种*parti*，做进一步阐述。如果我们把这三种住宅模式，即庭院、房间相互串通的矩阵，以及房间仅有单扇门开向走廊，打印在一张薄的橡胶膜上，然后我们可以试着将这张橡胶膜拉长甚而略加扭曲。结果是，每一种住宅模式的形状和尺寸都会发生变化。换言之，经过一番拉扯和扭曲之后，它们变成

1　Edmund Leach, *Rethinking Anthropology*, The Athlone Press, 1961.

了三种不同种类的住宅，而每一个模式从数学的角度而言并未发生任何变化。其实如此这般的拉扯扭曲就有点像*poché*在建筑设计中起的作用。*Poché*可以说是建筑师的手艺和工具，根据顾主品位、基地或投资情况的不同，使得住宅的种类变得丰富多彩。

路易·康对此是一个悟道者：形式构成（Form，英文里有强调宏大哲理之意）不可变，而设计（Design）则是随机应变。康以汤匙为例：汤匙之形式构成，从概念而言，由匙体和手柄组成，是必须保持不变的。而汤匙之设计——银质或木质手柄，圆形或椭圆形的匙体——在很大程度上是受限于选用的材料、造价、品位、时尚，因而是根据不同情况而定的。我猜想，康的这番真知灼见应源自他在宾夕法尼亚大学接受的巴黎美院派教育。尽管康的*poché*是登峰造极的艺术（我们只需看一下金贝尔［Kimbell］艺术馆就可信服），而他更为倾心打造的是一个聚中的*parti*；这种*parti*可以庇护"聚会"与"学习"，或者说集体生活和个人独自静思的两种需求。同样这么一个*parti*，既可以是图书馆，也可以是国家议会大厦。*Parti*实质上是一种概括法则。与康截然相反，很多现代建筑师唯恐概括。（他们是蝴蝶标本的收集者！）如今不少建筑师们几乎始终不懈地绷紧了神经在进行一场选美竞赛：我们必须时刻关注明星建筑师的动向，以免错过了他们创造的前所未有的建筑新样式。

当然并不是所有概括都能保证正确无误。就*parti*而言，有好的亦有次的。作为学者，我们学术论著中任何概括性的尝试，在现今的匿名学术评审中往往被看作不可饶恕的罪过。然而搜寻一个永恒的*parti*（恰如一个数学模式）是一个难以抗拒的召唤。让我们牢记利奇的忠告吧："概括是归纳性的；它是对于特殊情况下的个案加以洞察以便总结可能存在的普遍规律；它如同猜谜，是一个赌博，你或许对或许错，但如果你侥幸猜对的话，你也就由此学到很多新事物。"[1] 若以此论类推，不断捕捉创造新形式的前卫建筑师们如果不是太谦虚的话，就是显得太保守了，因为他们的目的远非追求一个具有能动性的*parti*。

八 无用建筑教育之大用

如果我们再次总结一番的话，*parti*真是无用之物，因为它与建筑防风雨或为我们的日常生存提供庇护实在是毫无关联。如此之建筑之用已由房屋提供，这是不争之天理，而超于房屋之用的建筑之大用竟存于其无用之处：一个建筑*parti*的意图即是激活人与人之间的关联，同时更令栖居者个人感知到人生的乐趣。难道这还不足以成为通识人文教育的原因吗？

1　Edmund Leach, *Rethinking Anthropology*, p. 5.

文化人类学与传统民居

一 民居、人类学与现代建筑

民居研究自19世纪起在西方建筑研究中其实一直都是非显学。20世纪80年代中国的民居研究热潮或许多少受到少数西方及日本学者到中国考察民居的影响。典型的事件有日本学者若林弘子与鸟越宪三郎至中国寻根，以杆栏住屋为依据，认定云南为倭族之源；美国地理学家那仲良（Ronald Knapp）从台湾民俗民居开始研究，后来重点转向浙江省，多年来以夏威夷大学出版社为基地出版了多种中国民居研究著述（其论作将于后文提到）。中国本土的民居研究以中国建筑工业出版社的民居系列为一高潮，其范围包含全国。仔细考察，20世纪80年代西方及日本民居研究与中国自身的民居研究热有一个明显区别：国外的民居研究者多为人类学及地理学家，研究角度往往着重于孕育民居的人文社会背景，真正的关注点是造其居其的人。中国20世纪80年代的民居研究者多为建筑师，其研究方法多为形式分析与"美学"鉴赏，那么真正的关注点自然是民居的样式了。虽然其资料价值功不可没，中国建筑工业出版社出版的民居系列几乎成了建筑师钢笔徒手画的"竞美"角逐场所。

有趣的是，中国20世纪80年代的民居研究状况竟然以畸形的缩影再现了历史。西方人类学家对民居（过去往往被称作原始住屋）的兴趣可以追溯到19世纪。举例来说，摩尔根（Lewis Henry Morgan）1881年出版著名的《美洲土著民族的住屋与日常起居》[1]企图将所谓"原始共产主义"之社会结构与住屋的尺度和形式联系起来。同为19世纪末的英国建筑师莱斯必（William Lethaby）于1891年出版了一本题为《建筑、神秘主义与神话》[2]一书，阐述了大量建筑形式的象征性，呈现出的竟是一种对人类学研究对象的痴迷。这里值得一提的是，莱斯必全书所用的都是二手资料，全然没有人类学家必备的"田野"调查。奇怪的是，莱斯必的这本书迄今仍没有引起多大的注意。其实自20世纪初以来，建筑师们对民居的关注及兴趣往往多半是视觉上的。换言之，民居赋予建筑师们一种有机而原创的视觉美冲击，如同画境般的童话世界。柯布西耶的《东方之行》[3]及鲁道夫斯基（Bernard Rudofsky）的《没

1　*Houses and House-life of the American Aborigines*, US Government Printing Office, 1881.

2　*Architecture, Mysticism and Myth*, Percival, 1891.

3　*Voyage d'Orient*, Forces Vives, 1966.

有建筑师的建筑》[1]最可代表建筑师这样的一种美学品位。

我在本书前文里已提到里克沃特成书于20世纪50年代之名著《城之理念》[2]，以古罗马及其他古代城市的建城仪式为起点，阐述市民借此机会参与建城，从而与城市形制达成共鸣。建筑学者拉普卜特（Amos Rapoport）1969年初版的《宅形与文化》[3]表达了类似的观点，此书框架宏大，深具影响，试图阐释文化如何造就建筑形制，而建筑形制又如何传达文化含义。拉普卜特的中心论点认为建筑形制由文化、物资材料、精神及社会因素综合造就而成。于是民居世界中的建筑形制自然是丰富多彩了。仅仅一本小册子，拉普卜特就建筑形制与文化的关系给了定论；而里克沃特旁征博引历史文献与考古资料的个案研究，却给人们留下无限的思索空间。

20世纪后半叶，以人类学的观点及方法研究民居似乎有了长足进展。人类学家、建筑史家以及一些建筑师对民居的"活状态"做了大量调查研究。所谓"活状态"乃民居世界区别于现代建筑的关键点，因为民居世界中的村镇及住屋仍然由居者自身所建造。这种"活状态"令居者的世界观与社会状态无可避免地体现在建造与居住过程中。沃特森（Roxana Waterson）1990年出版

---

1 *Architecture Without Architects*, Museum of Modern Art, 1964.

2 *The Idea of a Town*, 1976.

3 *House Form and Culture*, Englewood Cliffs, 1969.

的《活住屋》[1]以及那仲良1999年出版的《中国活住屋》[2]以丰富细致的"田野"调查展现了东南亚及中国民居中居民与建筑通过象征性而达到"神交"境地：一种人与其世界的沟通，从而令人成为其居住世界的中心。可以这么说，民居以"活化石"的状态再现古代世界中的人性。而在现代世界中，居者与造者脱节，都市与建筑由政客、开发商及建筑师共同造就，所体现的是政绩、赢利及个人艺术表现，与居者毫无关系。都市与建筑对居者而言自然只是机器了。

　　或许人类学对民居的特殊视角将会促使建筑师们重新思索"建筑何为"这个根本问题。有一点是可以肯定的，在民居世界中，建筑不只是一个视觉形象的问题，而是人与世界沟通，以及人在自己居住世界中的位置问题。

二　侗寨鼓楼之社会生活

　　本文的主要材料来源于作者对侗寨鼓楼在侗族社会生活中的实地考察。侗族是中国南方的一个少数民族，也是中国55个少数民族之一。尽管侗族已有几千年的历史，但是关于他们丰富的文化、历史和建筑却鲜有记录。通常认为，侗族社会是一个没有本

1　*Living House*, Oxford University Press, 1990.

2　*China's Living Houses*, University of Hawai'i Press, 1999.

民族文字的传统社会。换言之，侗族文化基本上没有文字记录。[1]
其文化存在于这样一些"意象"中，诸如音乐、表演、纺织、社
会风俗、宗教活动等等，以及最为重要的一个方面——建筑。在
其建造和居住过程中，侗族通过像鼓楼、风雨桥（图57）和戏台
等建筑的结构和布局将仪式和权力具体化并赋予意义。侗族社会
的特征和风俗也由建筑具体化并赋以能动性，如同拥有权力一
般。这些含义似乎仍旧模糊，但总是在建造和居住的过程中，借
着身心的卷入，得到具体而确切的表达。

笔者考察了侗族最有特色也是最主要的建筑个体——侗族鼓
楼（图58）[2]，通过对鼓楼这一建筑类型的分析，以及对鼓楼的建筑
和日常居住活动的"厚重"描述[3]，本文试图展示鼓楼是怎样成为
一种"能动性的象征资本"，怎样具有所谓的"多声部"象征力

1　詹姆斯·克利福德（James Clifford）认为所有的文化都或多或少地有文字记录。确实
　　如此，一个可以佐证的例子就是侗族文化在广义上是有文字记录的。然而，笔者将
　　侗族文化定义为无文字记录的，这是基于其核心文化实践是以其他的阐述和表达的
　　方式而不是文字。参见James Clifford, "On Ethnographic Allegory", in James Clifford and
　　George E. Marcus (eds.), *Writing Culture: The Poetics and Politics of Ethnography*, University
　　of California Press, Berkeley, 1986, pp. 1–26. 中译本参见詹姆斯·克利福德、乔治·E.
　　马库斯编：《写文化：民族志的诗学与政治学》，高丙中、吴晓黎、李霞等译，商务
　　印书馆，2006年。

2　有关侗族鼓楼的基本资料来源于作者在1989年、1992年及1993年间所做的田野调查。

3　"Thick description" 是克利福德·格尔茨（Clifford Geertz）借自吉尔伯特·赖尔
　　（Gilbert Ryle）的一个概念。这里取其直意。参见Clifford Geertz, *The Interpretation of
　　Cultures*, Basic Books, 1973, p. 5. 中译本参见克利福德·格尔茨：《文化的解释》，韩
　　莉译，译林出版社，1999年。

图57 广西三江地区马鞍寨附近的程阳桥，阮昕摄，1993年

图58　贵州从江高增村鼓楼，阮昕摄，1993年

量的。因此，这篇文章主要的论点认为，建筑等物质文化是以与语言等文字文化完全不同的方式产生意义的。

1. 侗寨鼓楼的"威望"

在侗族文化中，鼓楼有着重要的地位。作为寨子里形式上占统领地位的建筑物（图59），鼓楼并不因为其标志性来突显重要，而是长期的历史积累[1]，特别是鼓楼在建造和使用过程中形成的社会威望。因此，这种鼓楼威望是侗族族性及生活方式的有机组成部分。

有一句侗族古语叫作"鼓楼为政"，这句话表明鼓楼的地位源于其自身的能动性，即规范社会的能力，同时表征着侗族的丰富、庞杂，以及独特的文化活动。在这种意义上，侗寨文化活动和社会行为是按这种鼓楼威望的核心价值观来处理的。按照皮埃尔·布迪厄（Pierre Bourdieu）的解释[2]，这种威望是象征性的资本，其象征性并非语言上的"能指"与"所指"的关系，而是这种地位的象征性可转化为"造物"的力量。对于侗族人而言，这种地位是具体的，而不是抽象的，并且总是以文化的，同时也是建筑的具体形式来获得其"力量"。

---

1 关于侗族建筑和文化互动的详细论述，特别是鼓楼的命名，参见笔者的专著Xing Ruan, *Allegorical Architecture: Living Myth and Architectonics in Southern China*, University of Hawai'i Press, 2006。

2 Pierre Bourdieu, *Outline of a Theory of Practice*, Cambridge University Press, 1977. Pierre Bourdieu, *In Other Words: Essays Towards a Reflexive Sociology*, Stanford University Press, 1990.

图59 贵州从江地区龙图村鼓楼形成的天际线，阮昕摄，1993年

2. 鼓楼的空间布局

就空间的布局和能动性的象征力量而言，鼓楼本身就代表了一种建筑模式。模式定义空间布局，并进而体现和传达权力。为了在侗族文化体系中通过鼓楼来理解权力的"沟通渠道"[1]，我们需要首先来考察一下鼓楼的具体类型。

在大多数情况下，侗寨鼓楼都是重檐木构（图60），平均高度大约20米。四根（有的是六根或八根）承重柱支承着屋顶以及其内悬挂的鼓。屋顶形式多变，有悬山、歇山和攒尖等等。多数鼓楼只有一层。作为鼓楼最可居的部分，一层的厅堂不一定具备围合感，甚至经常是完全开敞的。

侗寨鼓楼的平面通常依照九宫格布局。这样的秩序表现出一种木框架体系的空间布局和基本构造。四根承重柱围合出一个核心，地面的中心是一个火塘。在四根承重柱之外，外围十二根柱界定了环绕核心的另一层空间。建筑结构集成了梁柱与井干体系，形成了向顶部层层缩进的形制。这种九宫格可以看作是鼓楼形制的原型，而在现实中有各种各样的结构体系和形式变化（图61）。

1　沟通渠道（canalization）这个概念借自米歇尔·福柯（Michel Foucault）。他认为，建筑的存在是为了"确保人们在空间上的一定安排，他们圈子内的共同渠道……空间是各种公共生活的基础，空间是任何权力运行的基础"。参见Michel Foucault, "Des Espace Autres", in *Architecture, Mouvement, Continuité* (October 1984), pp. 46-49。

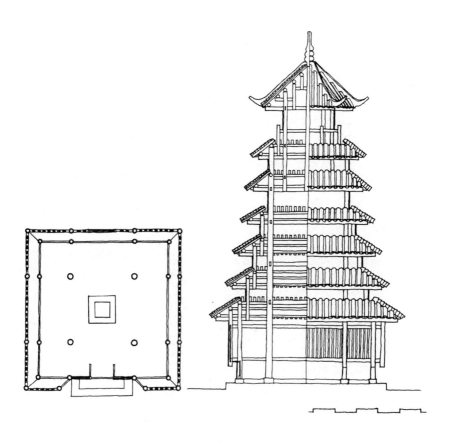

图60　贵州三江地区华莲鼓楼的平面和剖面，一个典型的九宫格鼓楼平面的

基本结构，阮昕绘

图61　贵州从江地区增冲鼓楼的平面和剖面，该鼓楼建于1672年（清代初年），
是整个侗族地区现存最古老的实例之一，阮昕绘

3."多声部"象征

　　鼓楼历史积淀下来的含义绝不是侗民们以思想解读的方式来理解的，侗民们对鼓楼的认识往往是通过他们自己的身体来解读的。这种以身体来解读的方式是文化实践活动的一部分，就是笔者所谓的建造与居住的过程。同其他传统社会一样，侗族社会是通过威望（等级、地位、血缘关系、道德规范、民俗民规、传统等等）的力量组织起来的，而非财富。有趣的是，这种威望"铭刻"于建筑中，并且也只可能在侗民们的建造居住过程中得以实现。鼓楼之象征性体现于各个层次，而笔者所指的"多声部"象征正是存在于建造及居住过程中。

4. 鼓楼的居住与使用

　　在制度上，侗族社会可以说是通过鼓楼的权威来象征性地传达教化和规范的。侗族自古没有行政管理机构，而是以一种称作寨的基本聚居单位来组织。严格地讲，一个寨只包纳一个姓氏氏族。可能与村中栋梁和男性祖宗祭祀有关，鼓楼本身就标记着氏族姓氏。通常两个（有时多到五个）寨子栖息在山前溪旁组成一个村子。寨与寨之间的关系、地位、等级和结构都体现在鼓楼的建造活动中。一个典型的例子是贵州省从江地区的高增村（图62）。高增村由三个寨子组成。最早的一族人姓杨，他们拥有这个山谷里最高的鼓楼，这具鼓楼被称作"父"。另一个吴姓族人于杨姓族人之后在此安家落户，他们的鼓楼略低，被称作"母"。第三个寨子是一个从前两族人分裂出来的群体。这个寨子的

图62　贵州从江地区高增村，图中可见该村三个鼓楼中的两个，阮昕摄，1993年

鼓楼最低，被称作"子"。拥有鼓楼的寨子被看作侗族社会组织的一个基本单位。寨子由两三位首领管理（侗语叫"nyenclaox"或是"yangplaox"）。他们通常都是寨子里年长而且倍受尊敬的成员。出于管理寨子的目的，寨中的鼓楼用作议会之所。每个侗寨的习俗规范及条目由这些首领在鼓楼内制定并执行。寨子的习俗规范一经确定或修订，这个规范就会刻碑立于鼓楼内。由于规范是汉字书写的，侗民一般无能力阅读。但这无关紧要，因为习俗规范会以歌的形式在社区内传诵流转。有时就是一块无字碑（jinlbial）。然而，真正对侗民有意义的是，从石碑确立和规范公布的那一刻起，鼓楼即成为习俗规范权威的象征代表，侗民也逐渐认识到这一点。

贯彻执行习俗规范，是鼓楼日常活动的至关重要的一个部分，在这个过程中，既树立了鼓楼的权威，也明确了鼓楼所代表的各种意义。以往，任何违背族规的人都会被公开地在鼓楼里处罚。在广西侗族地区，那些严重违背族规的人会被驱逐出寨。这也是在鼓楼里进行的。在全村人在场的情况下，村中长老会从违背族规的人的家中取一把铁耙，把它钉在鼓楼的柱子上。铁耙被认为是可以用来驱逐灵魂的东西。一旦铁耙被钉上了鼓楼的柱子，这个人就象征性地被永久驱逐出了氏族和村子。即使在他过世后，他的灵魂也无法返回故里。这种驱逐行为是什么时候废止的并不清楚，但现今在一些侗寨鼓楼里仍可以看到这种习俗的遗留痕迹。

举行仪式是鼓楼日常活动的一个重要组成部分。纪念性的仪式是一种特别的鼓楼活动。这种侗族特有的仪式称作多耶（图63）。在古代，这是侗族的一种日常仪式。而现在只是在萨神（族女）祭祀的纪念活动和特别节日的时候才举行。

这种多耶仪式非常公社化，载歌载舞，总体上近乎狂欢节的气氛。年轻的姑娘们华衣银饰，年轻的小伙子则翎羽装束。他们聚集在鼓楼里或是鼓楼广场上，手拉手围成圆圈或是螺线，边唱边跳。

侗民们无意也无法去追溯这些符号的原始含义。对他们而言，这种象征符号并非语言上"能指"与"所指"的对应关系。然而，这个过程是辩证的，一个方面，仪式保留了这些符号；另一方面，建造承载仪式的建筑再现了产生建筑的原始状态。这样，符号的意义得以实现，反映并转化成为一种创建侗族文化生活的力量。

不论庆典的内容如何，多耶从根本上强调了侗族社会中鼓楼的统领角色。换句话说，多耶可以看作对鼓楼本身的崇拜。因此，鼓楼常被认为是祖先、历史英雄、圣树、村寨的核心、村落之舟的桅杆或是其他相似的类比。这对于侗族人来说至关重要，当鼓楼在聚落中的统领地位转化为"激活"日常生活的力量时，建筑的象征过程，并非简单之象征主义，方得以实现。

鼓楼的威望是通过众多鼓楼仪式体现出来的。在黎平地区肇兴村，60岁以上的老人去世后按惯例会在鼓楼举行葬礼。不到60岁去世的若在当地有很高的威望，也可以获得在鼓楼举行葬礼的荣誉。这是另一个相当有趣的象征资本的转化：建筑地位经由

图63 1993年1月23日，祭萨之后，在鼓楼前举行侗族多耶，
贵州从江县，阮昕摄

鼓楼葬礼习俗象征性地转化为一个人的社会地位。给小孩子命名是侗族社会里另一个与鼓楼相关的仪式。在肇兴村，满月的婴儿必须被带到鼓楼，在这里举行仪式。寨中长老有义务为这个侗族的新成员命名。在命名仪式之后，这个婴儿就有权从他祖母那里讨回他母亲的嫁妆。这个仪式明确地表明，一个新成员只有在鼓楼仪式以后才会被侗族社会真正接纳。[1]鼓楼还有其他多种实用功能，比如夏天可以纳凉，冬天可以取暖（图64）。鼓楼亦在侗族生活中扮演文化传承的重要角色。例如，鼓楼里司空见惯的日常活动就是在劳动间隙，年长的给年轻一代讲故事，称作"摆古"。这些故事的内容总是关于侗族祖先、迁徙、历史英雄等等。这是侗族历史代代相传的重要方式。事实上，这个过程并不是完全重复和陈述性的，而通常会在讲述过程中有新的发展，有所扬弃。内容的历史真实性并非重要，但鼓楼因此充满历史感，并因而在日常活动过程中自成权威。在鼓楼内轮流对唱有时用作仪式和平常叙事的替代形式。在某些节日里，精心组织并有高度仪式感的多声部合唱（称作"唱大歌"），经常会在鼓楼举行（图65）。年轻小伙子和姑娘们分别围坐在鼓楼火塘边的长凳上轮流对唱。这种合唱，毫无疑问是他们民族风俗的高潮。村民们一同分享，并进一步突显了鼓楼活动的诗意性。在鼓楼里轮流对唱也是年轻人相互认识，表达爱慕之情的一种传统。

1　参见黄才贵：《黎平地区肇兴村侗寨鼓楼调研报告》，贵州民族研究杂志社，1986年，第4期，第225—246页。

图64　贵州从江地区高增村的高增鼓楼内的中心火塘和长凳，
阮昕摄，1993年

图65　1993年1月21日春节期间在贵州从江地区晓黄村鼓楼内进行的
唱大歌场景，阮昕摄

5. 建造鼓楼

一幢侗寨鼓楼的寿命可以长达几百年，但由于鼓楼的木质结构，很可能因火灾等原因在瞬间化作灰烬。在侗族社会里，重建鼓楼的事情时有发生。因为"文化大革命"的破坏，现存的大多数侗寨鼓楼重建于20世纪80年代。在建造鼓楼的过程中，先由村民们捐献建筑材料。通常每个家庭都将捐献一些其攒藏的木材以供鼓楼建设。所捐建筑材料的数量取决于其经济实力。一般来说，参与建造的过程比捐助的材料的数量更为重要。即使这样，过程也不尽相同。四根承重柱必须是世袭的，由村中最有威望的家族捐献。倘若某一有威望的家庭日益衰落，那么村中的另一个家庭就会获得捐赠的机会，或者由大家凑钱购买。有时，四根承重柱之一或是围绕火塘的四张长凳，则由带有血缘关系的邻村赠送。赠送者还要为鼓楼祭祀准备供品。

1993年，一座新的鼓楼在三江侗族自治县的首府三江镇建成。像众多中国的县城一样，三江镇建满了毫无生气的混凝土房屋，极其单调。但是三江镇的人口组成却非常的丰富，有汉族、壮族、苗族和占人口大多数的侗族。很可能是因为旅游业发展的缘故，县政府决定在县城里建造一座鼓楼以便刻意彰显侗族特征。

作为一个旅游景点，新建的鼓楼并不仅仅是一个孤立的复制品，而是由当地工匠设计建造，融合鼓楼、风雨桥和戏台为一体。尽管事实上这座新鼓楼不在当地侗族生活扮演传统角色，但几乎所有城中的侗族居民都为这座鼓楼的建造捐款。甚至有一些父母还替他们刚出生的小孩捐款，因此小孩的名字就会列在捐款名单上。这个名单刻在石碑上，立于鼓楼广场一边。以这种方式参与鼓楼的建造，侗族的身份便被象征性地确认，从而将他们与县城中的其他民族区分开来。作为一种建筑类型，并依照其传统使用来看，在新鼓楼的建造过程中，有许多文化上的"错位"，多数是与旅游业有关。侗族和侗寨鼓楼文化的持续性与鼓楼在形式和新条件下的文化变异，都在其文化实践中得以有趣地协调。因此，在一座鼓楼建造之前，鼓楼的意义就预先确定了。

当地的建筑工匠是普通农民。一般他们是世袭成为建筑工匠的，先在修建住房的过程中积攒经验。只有非常熟练的工匠才允许建造鼓楼、风雨桥、戏台等公共建筑。鼓楼的工匠在侗族社会中享有很高的声望，令人敬畏，因为正是他们将鼓楼的地位和权威传达出来，使之真实而具体。侗族建筑以榫卯结构预制，所有构件必须在拼装之前仔细加工。构件尺寸（例如梁柱的长度或高度、构件榫头和榫眼的位置或尺寸等等）不允许出错，否则鼓楼的整个组装过程就会很困难，甚至不可能。

鼓楼拼装完成的第二天早上，邻村的乡民通常会带着贺礼前来庆祝新鼓楼的建成，礼物通常是围绕火塘的四张长凳。接下来是三天的庆祝活动。在这些活动中，侗民便体会到鼓楼到底意味着什么。整个建筑完成的时候，就会举行多耶来祭祀鼓楼，建造鼓楼的过程至此告一段落。

6. 结 论

侗寨鼓楼并不是一种语言意义上的符号和标记，而是一种充满威严和侗族社会文化含义的象征性资本。侗民并非仅仅从思维上去解读鼓楼，更是用他们的思维与身体共同去建造和使用鼓楼。在这些活动中，"传说"产生并流传。像寓言一样，这些关于鼓楼传说的含义是模糊的；其结果是这些鼓楼的传说象征性地转化为鼓楼的威望，并具备"资本"的力量来主导着侗族文化生活。侗族文化生活是以建筑为基础的；更精确地说，是以鼓楼为基础的。这种象征力量渗透于各个层次。换句话说，它的含义是"多声部的"，错综复杂的。以上已经提及，侗族社会生活和文化活动的各个方面都是以鼓楼为中心，围绕鼓楼展开的。鼓楼并非象征或是表现什么，在其仪式化的建造与居住过程中，侗民得以理解鼓楼诗意般的寓言。

伍重真想现代吗？

一　伍重的中国情结

　　丹麦建筑师伍重（Jørn Utzon）对"现代性"的求索与他的中国情结，在他职业生涯的早年就埋下了"内心冲突"的种子。如此矛盾在其人生与三个自宅设计的编年史中得以突兀显现。伍重着迷于中国传统建筑和中国人的生活方式。[1] 痴迷之深，伍重将唯一的千金取名为"Lin"（林），以示他对中国作家林语堂先生的推崇。伍重认为建筑最重要的品质莫过于一种"坚固而安

1　伍重对中国的兴趣仅是这篇杂文的一个引子。读者若对此有进一步兴趣，可以参考以下这些学者的研究。吉迪翁是先驱者，其他学者包括托比亚斯·费博（Tobias Faber）、伊尔斯·格兰（Else Grahn）、弗兰普顿、彼得·迈尔斯（Peter Myers）、菲利普·德鲁（Philip Drew）、赵辰，裘振宇（Chiu Chen-yu）于2011年在墨尔本大学完成的博士论文中将伍重与中国的关系做了较详细的梳理。

全"（firmness and security）的感受，而他孜孜以求的建筑品质却是来源于中国传统建筑中用以承载住宅或寺庙的台基（伍重称为platform）。"台基"，伍重亦称之为"高地"（plateau），令其求索一生。传统中国建筑的台基是否真能传递伍重的感受？更令人难解之处是，为什么"坚固而安全"竟会在立志要成为现代建筑师的伍重心目中占据如此重要之地位？

且让我们先分析一个建筑师界广为流传的共识，即悉尼歌剧院的设计构思与传统中国建筑的关系。透过此现象，以笔者之见，我们再来探究一番伍重对中国传统建筑中一个重要元素的忽视（见后述）。如此粗心大意，就性情敏锐的伍重而言，着实令人费解。不过首先让人困惑的是，以"扬帆远航"的形象著称于世的悉尼歌剧院与传统中国建筑有何关联？有关这一组"白帆"，在悉尼歌剧院国际竞赛评审报告的一片赞扬声之外，英国建筑历史学家约瑟夫·里克沃特在半个世纪前就曾直言不讳，道出如下评判："悉尼歌剧院的构思纯属空花幻影，既毫无想象力，更无从谈及方法论。除了一点浮夸的戏剧效果之外，愉悦感荡然无存。"[1]

以白帆形象而言，以上评价所言甚是。伍重竞图出胜的最初草案，即是一组相互咬合的"白帆"状超薄混凝土壳体，皆成"有机自由"形式。而最终挽回如此夸张之作的救命稻草竟是

1　参见 Joseph Rykwert, "Meaning and Building", in *The Necessity of Artifice: Idea in Architecture*, Rizzoli, 1982, p. 12。

解决建筑结构问题的技术手段。如此大尺度自由成形的超薄混凝土壳体在当时无法搭建成功。或许是天意，伍重以几何为武器，将每片"白帆"从球体中切割出来。传言伍重从切橙子中得到灵感，因而称之为"自然"法。因为每片"白帆"均从球体中切割出来，"白帆"的面依几何法则可细分为一排排的"肋骨"（图66）。以此类推，而每根"肋骨"则可由预制标准构件捆绑而成！虽然有一流的工程师奥雅纳（Arup）承担结构设计，如此天才般的解决办法却是来自建筑师伍重自己。而伍重另称灵感来自中国宋代《营造法式》中预制构件的原则，倒略有牵强。伍重对《营造法式》的理解，应是只观图而不识字的。

伍重在展示悉尼歌剧院构思时画了两张草图：一张是一个中国（或许日本也罢）建筑的大屋顶悬浮于台基之上；另一张是一朵浮云飘于海平面之上（图67）[1]。伍重将两者并列，做以类比。以此推论，在伍重这位现代大师看来，中国建筑里的围合墙体无足轻重！

中国传统建筑，在伍重看来，如同现代建筑一般，趾高气扬地立于高台之上，环视远方的天际线。伍重的这两张草图早已声名远扬；无论学者还是建筑师往往都依赖它来理解悉尼歌剧院以及伍重其他建筑的设计理念。但伍重在这张草图中所完全忽略的却是中国合院的围墙。无论庙宇还是住宅中的堂屋，如同一块藏

1　伍重这张广为流传的草图第一次发表于《台基与高地》（"Platforms and Plateaus"），载《十二宫》（Zodiac），1962年，第10页。

图66 悉尼歌剧院"肋骨"组合的"白帆"屋面，马克斯·杜培（Max Dupain）摄，
1965年，澳大利亚悉尼新南威尔士州立图书馆米切尔分馆（Mitchell Library, State
Library of New South Wales, FL601855）藏，图片由马克斯·杜培及其合伙人提供
（Courtesy Max Dupain and Associates）

于开了盖的包装盒中的珍稀玉石,虽坐落于台基之上,但却是在围合的院墙之内(图68)。从屋内看出去的不是远方的天际地平线,而是由院墙围合而成的一抹天空——在中国传统建筑中有时称之为"过白"。

伍重于1962年在期刊《十二宫》(Zodiac)第十期发表了一篇题为《台基与高地》的文章,现已广泛流传。在文中伍重描述了墨西哥古代玛雅人从低谷的丛林中缓缓爬到"高地"上的神庙,于是令人心醉的远景尽收眼底。伍重称此为"视觉生活"(visual life)。奇怪的是,在同一文中,伍重谈到他对中国传统住宅情有独钟。也就是在中国住宅里,伍重找到了"坚固而安全"的感受。伍重在文章中虽然没有道明,可能他也没有意识到,他从中国传统住宅中找到的"坚固而安全"的感受其实来源于天井合院。伍重在这篇文章中只字未提合院,其实他对合院的兴趣并不亚于他对"台基"的痴迷。在丹麦的几个著名集合式住宅项目里,伍重均以合院为基本构图元素。

行文至此,最令人费解之处即是为什么伍重连"安全"感亦不归功于合院围墙呢?合院和台基,在中国传统建筑中本是一对相辅相成的孪生姐妹。

二 伍重自宅

伍重一生为自己和家人共建造了三幢住宅。相对悉尼歌剧院而言,这三幢住宅更能反映出伍重屡屡尝试调和的"台基"与

图67　伍重绘制的中国式台基，悬浮的屋顶和浮云草图，阮昕描绘

图68　修改后的伍重的草图，阮昕绘

"合院"这两个建筑元素。在伍重看来，这两个元素是相互矛盾的：台基的坚固与高度造就了"视觉生活"，而安全感似乎则应由院墙的围合来提供。伍重从未道出此言，而他的三个自宅设计中，台基与合院均以矛盾对立的方式呈现。让我们以时间顺序对三宅进行一番剖析，由此可窥探建筑师的人生编年史，并展示出伍重随着时间的推移而对所谓现代性产生了怀疑。

伍重的第一个自宅于1957年建于海勒贝克（Hellebæk）。这是一个丹麦的海边小镇，与瑞典隔海相望。该宅在伍重获悉尼歌剧院设计竞赛大奖五年前建成。于伍重和他年轻的家庭而言，这第一幢家屋可谓吉宅。伍重借此机会初试其建筑理念，同时展现了他的建筑设计才华。建筑师与妻儿们也在这幢家屋中度过了一段幸福时光。而悉尼歌剧院国际竞赛的胜出给伍重一家在丹麦海边小镇的平静生活带来了翻天覆地的变化。

大喜过望，伍重一家于1963年永久移居澳大利亚，以便完成悉尼歌剧院的宏伟工程。伍重为自家设计的第二幢住宅是他的居家理想之作。原计划建于悉尼北区海边的"湾景区"（Bayview），可惜结局不佳，未能实现。伍重在此宅的设计中尽智竭力，前后做了四轮方案，而且在车间制作了屋顶预制梁架的模型，最终获取市政厅的批准。不幸的是，由于澳大利亚政府换届，硕大和繁杂的悉尼歌剧院工程陷入困境。

伍重于1966年被迫辞退了悉尼歌剧院的工作，以示对新政府的抗议。伍重从此携家人返回丹麦，于有生之年再也没有重归悉尼看到建成的悉尼歌剧院。悉尼湾景区的住宅也因此从未破土而立了。丹麦的政府部门却对伍重的行为缺乏理解；伍重回归故里后竟未能拿到任何政府部门的工程项目。不像年轻时的柯布西耶，伍重轻视名利，好读林语堂《生活的艺术》（*The Importance of Living*）。在经历了悉尼歌剧院的风雨洗礼之后，更是如隐士般独处沉思，甚而导致了深度抑郁症。风华正茂的建筑师于是有了冲动要为自己和家人再设计建造一幢住宅。在1970年到1972年之间，伍重在西班牙著名岛屿马略卡（Mallorca）上建造了以爱妻命名的"丽丝别业"（Can Lis）。二十年之后，伍重已从悉尼歌剧院的阴影里彻底走出，并且又设计了一系列大型公共建筑。此时的伍重，技术娴熟、功成名就，同时在马略卡岛上设计建造了他此生最后一幢自宅。伍重建此宅的原因有二：一是为了躲避前来寻迹朝圣的年轻建筑师；二是年迈患有眼疾和风湿的伍重想远离海岸线和地中海刺目的眩光。

让我们回到伍重在丹麦海边小镇海勒贝克建造的第一幢住宅。在此宅的设计中，一个贯穿所有伍重自宅的模式已于其中埋下了种子。在孩子们还很小时，这幢住宅的第一期其实即是一个观景平台。该宅的基地位于朝南的坡地上，背面则是海勒贝克茂密的森林。130平方米的屋子立于砖砌台基上，整个屋子北面亦为一堵砖砌实墙。轻质的平屋面借助北面的砖墙和南面的纤细钢柱支承，而屋子的南向则由落地玻璃大窗围合。因为这幢平房屋子平面极为简单，伍重在屋子盖好之前连一张正式建筑图都没画。建筑师仅是凭借几张草图示意了构思和平面的围合，在现场指导几个熟练工人就将房子盖好了。无论是房屋的平面，还是建成后的立体造型，这幢宅子最突出的特征即是北面这堵坚实的砖墙。为了让这堵实墙更突显，伍重将其从房屋的两侧延伸出来，仿佛昭示于天下。为了令其措辞尖锐而强硬，建筑师强调了这堵墙的单一性和完整性：唯一的"破损"即是住宅的入口（图69）。伍重居然都不给孩子们的卧室在此面开窗；他只给这几间卧室在屋顶上开了天窗。

假如房屋能够传达任何信息的话，那就是建筑师本人希望生活在一个照相机的"取景仪"里，面向远方广袤无垠的天际线。时隔不久，这幢小宅随着伍重家孩子们渐渐长大，就需要加建了。正是在加建之时，"台基"与"合院"的矛盾便出现了。最合理的做法即是在平房的北面再加建一幢，于是两幢平房中间自然就形成了一个内院。无窗的孩子们的卧室在这一轮扩建过程中被拆除，于是原来起居室的面积就增大了。这一举措使得第一期建造的南屋变成了不带任何起居功能的纯粹"观景亭"。第二期加建的北屋以及由于加建而带来的内院，于是成了服务于家长里短的真正生活起居场所。令人好奇的是，伍重一直不情愿将扩建后的自宅出版发表。难道伍重不可容忍琐碎的日常生活对现代建筑所提供的"视觉愉悦"有所玷污？

在丽丝别业里，"视觉生活"似乎再次主导一切。看似房间般的五个体块——院子、厨房和餐厅、起居室和两块卧室，沿着悬崖边面向大海布展开来，以便尽收远景（图70）。院子和围墙并非只是划出一片天空，建筑师在朝海方向打开了一块半圆的缺口，并在院子中间搭建半圆形桌子，令围坐的人通过围墙上的半

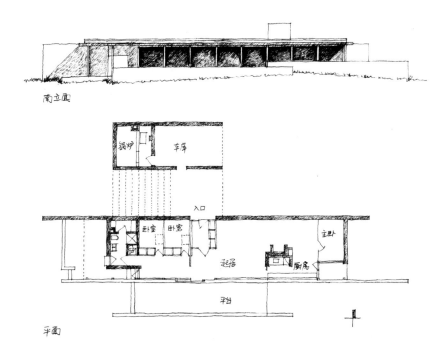

南立面

锅炉　车库

入口

卧室　卧室　主卧

起居　厨房

平台

平面

图69　海勒贝克自宅的立面和平面，阮昕根据原图描绘

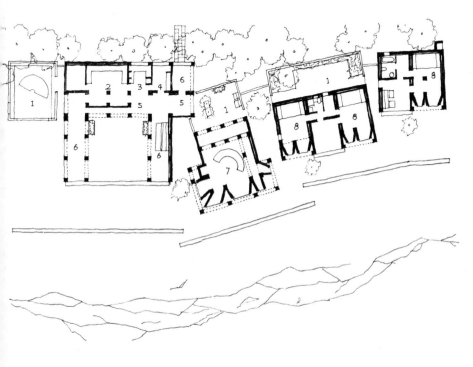

图70　丽丝别业平面图，阮昕根据原图有选择地描绘

圆的缺口目视远方海上的天际线（只是不久就被长高的树丛挡住
了视线）（图71）。[1] 伍重将建筑设计为照相机取景仪的手法用于
每一个房间，其高潮则是起居室。布置于房间正中的石砌座椅，
呈现半圆状，使得起居室仿佛一个小剧场。而剧场的舞台即是窗
外的大海和天际线。一系列深度取景窗如怪兽突显出外的眼睛。

可是该起居室的纵向剖面却有点唱反调，更像一个山里的岩
洞：房间同时垂直上升，其高度远超过那组水平延展出去的取景
窗（图72）。纵向的比例与上升的天花板似乎令该房间更为内向
而收敛。[2] 高耸的室内天棚角落有一扇紧贴墙壁的小高窗，洒落进
室内的阳光如天国之光令粗糙的砂石墙面展露无遗（如此奇妙的
时刻在每日持续20分钟左右）。据说这个"哥特式"天光的构思
是建筑师在房子盖好后才想出来的。丽丝别业落成后，地中海海
面上的强烈日光，加上蜂拥而至的建筑师朝圣团，使得伍重下决
心向马略卡岛的深处进一步隐退。时光一晃竟是二十年，伍重在
远离海岸处设计建造了他一生最后一个自宅"弗利兹别业"（Can
Feliz）。在这个设计案例里，伍重仍然企图寻找到"取景仪"之
屋和内向房间两者的和平统一之道。

1　其实伍重将环绕的院墙"破顶"，以便从院中展望远景，已是一贯设计手法。在几个
以合院组合而成的集合式住宅群里，以著名的金戈居住区（Kingo Houses）为例，伍
重将一边院墙的高度降低，以便院中居民展望远处的风景。

2　伍重在构思丽丝别业的那段时间，常常一个人躲在基地悬崖下面的岩洞里沉思。伍
重曾经谈到他在岩洞里感受到的是"该基地与景色的统一性"，这种感受并非笔者在
丽丝别业的起居室里所领略到的伟岸上升的垂直感。参见John Pardey, *Two Houses on
Majorca: v. 3: Jørn Utzon Logbook*, Edition Bløndal, 2004。

图71　丽丝别业庭院中围墙"破损"取景，但远景已被树丛遮挡，阮昕绘

图72　丽丝别业的起居室与伍重绘的起居室草图

伍重为何始终在寻求调和建筑上"外向"与"内向"的矛盾？我们可以再次回到伍重对远古玛雅人神庙的解读中找答案。从表象上看，坐落在顶峰高地上的玛雅人神庙与内向合院没有什么关系。伍重思量着古代玛雅人在山下密集的丛林中因视线受到限制，无法远眺。于是伍重想象着玛雅人登高至金字塔状的神庙平顶高台上，以便向天际线拓展视野。[1]以这一点而言，玛雅人并非特例。古人，无论处于何时或源于何种文化，其"视线"均是局限于本乡本土。对远方空间和自由的展望与想象，往往需要借助筑高台和树望楼。如此登高望远之处亦是等级分明之宇宙模型的重要组成部分。玛雅人和其他一些古代民族相似，在其宇宙模型的纵向等级里有三层：地狱、人间和天堂。真正的登高展望天际线，在一生中应该不会有太多机会。望楼和高台往往是神圣之地。换言之，宇宙模型的顶峰象征的是先人们通往神灵或天帝之道。顶峰同时亦代表统治者的权力，居高临下，威慑四方。而伍重对古代玛雅神庙的解读则是现代人以己之见的附会：建筑师未将现代人钟情的远方天际线与古人敬畏的上天做任何区别。我们如何可以知道古人竟和现代人一样，对展望远景的"视觉生活"亦有同样的奢望？就古人而言，对神灵或上天的敬畏应远胜于视觉的愉悦。

在《台基与高地》一文中，伍重出人意料地描述了墨西哥南部阿尔万山（Monte Albán）山顶的神庙：高台通过台阶下凹呈

1　参见伍重《台基与高地》一文。

天井状（图73）。伍重就该神庙如是说："顶峰于是变成一个悬浮于空中的孤岛，与人世隔绝。从这里望去，除了天空与过往的浮云，其他什么都看不到——简直就是一颗崭新的行星。"[1]这岂不就是置身于中国合院里的感受？无独有偶，与伍重同时代的墨西哥建筑师巴拉干（Luis Barragán）曾在其建于墨西哥城内的著名自宅里做过一次非同寻常的小改造：屋顶平台上曾建有木制栏杆，从这可以观赏宅后花园。巴拉干将木质栏杆拆除，砌上高耸的砖墙，于是巴拉干自宅的屋顶平台似乎变成了阿尔万山顶的神庙，令天空主导一切（图74）。执着到极点的建筑师竟然还将邻居家可看到的摇曳的树枝砍掉，于是这一片由屋顶围墙框定的天空不再受任何水平方向视线的干扰，其天地呼应的垂直关系变得纯净无比。[2]

　　伍重于内心深处是甚为敏感之人：外面自由无垠的世界固然风景无限好，但他始终不懈地寻求在中国传统建筑中感受到的"坚固而安全"。其实伍重一生进退难舍，无从调解的矛盾心理由来已久。他向来同时偏爱传统日本住宅与中国合院。前者是一组建于平台之上，自由组合的一系列"景观亭"，而后者则是以内向合院为中心，仅对天而应。鱼和熊掌可以兼得吗？

　　丽丝别业的几个卧室板块后面均有合院，不过其作用均是实用为主，以确保卧室的安全而已。弗利兹别业看上去几乎已是

1　参见伍重《台基与高地》一文。

2　同上。

图73　阿尔万山下凹状高地，伍重摄，1957年

图74　巴拉干自宅的屋顶：左侧白色围墙原为木栏杆，可看到后花园

半个中国传统合院：除了"防火山墙"、坡屋顶，宅中心似乎已成为一个半封闭的合院。在材质上，与丽丝别业一般，建筑师仍然采用本地民居简朴的砂石砌块和白色的预制混凝土横梁，密置排列成为天棚。不同之处是，弗利兹别业的室内相对修道院般的丽丝别业略微温馨一点：起居室里座椅依然如小剧场中观众席排列，以观屋外的景色。但椅子本身则是舒适曲线造型，并配有柔软的坐垫。除了观景之外，座椅之间似有相互对视的暧昧关系，不禁令人想象家人围坐、相互倾谈的温馨场面（图75）。更有甚者，起居室的中间铺了毛茸茸的地毯。而在夹层上的部分，原为伍重的工作室，已没有向外取景的必要。尽管如此，外面的世界依然太精彩，半围合的"中国传统合院"，在高台与远方景致的强势之下，显得微不足道。

以上伍重所体会到的是一种普遍的现代病，捷克作家米兰·昆德拉（Milan Kundera）著书称之为"难以承受的存在之轻"（*The Unbearable Lightness of Being*），实为对现代性的怀疑。难道对外取景的窗子一定就会导致这个现代病吗？其实不然。

三　窗与容器般的住屋

又是春天，窗子可以常开了。春天从窗外进来，人在屋子里坐不住，就从门里出去。不过屋子外的春天太贱了！到处是阳光，不像射破屋里阴深的那样明亮；到处给太阳晒得暖洋洋的风，不像搅动屋里沉闷的那样有生气。就是鸟

图75 弗利兹别业起居室，阮昕绘

语，也似琐碎而单薄，需要屋里的寂静来做衬托。我们因此明白，春天是该镶嵌在窗子里看的，好比画配了框子。

同时，我们悟到，门和窗有不同的意义。当然，门是造了让人出去的。但是，窗子有时也可作为进出口用，譬如小偷或小说里私约的情人就喜欢爬窗子。所以窗子和门的根本分别绝不仅是有没有人进来出去。若据赏春一事来看，我们不妨这样说：有了门，我们可以出去；有了窗，我们可以不出去。[1]

以上是钱锺书先生写于20世纪30年代一段有关窗的文字。钱先生好像建议，正是因为有了窗，才造就了室内生活，甚至人的内心生活。钱先生在写这篇散文时，似乎并没有关注到，时髦的欧洲现代建筑里大片落地玻璃墙面早已将室内变成与室外一样。另外我们通常忽略之处是，钱先生把门和窗的性质差别提了出来。虽然仅是一笔带过，却令人三思。在文章的后面，钱先生用了莎士比亚般将窗比作眼睛的用喻："眼睛是灵魂的窗户，我们看见外界，同时让人看到了我们的内心。"[2]

笔者在《浮生·建筑》一文中提到，17世纪的荷兰绘画中描绘的窗子，往往紧贴天花板和侧墙，而窗的底部由木窗扇或花窗玻璃遮挡视线、减弱光线，令日光自上而下，将"天国之光"转

1　参见钱锺书:《窗》，载《写在人生边上》，中国社会科学出版社，1990年。

2　同上。

化为内光（图76）。路易·康在埃西里科住宅（Esherick House）中鬼使神差般地设计了几乎一样的高窗：壁炉上一个垂直的条窗引进光线，但烟囱却将窗望出望进的视线给挡住了（图77）。贴近白色天棚的高窗引入柔和的日光。更有甚者，康还设计了一个精巧的细节：高窗的顶部窗框藏于略微降低的天棚后面，令白色的天棚在日光的映照下宛若浮在空中的白云。如此宁静内向的氛围是否与同一房间另一端的落地大玻璃相互矛盾？康是否亦如伍重一般在外向的"台基"与内向的"合院"之间纠结？康最终选择了一条与他同时代许多建筑师不同的道路。这些建筑师，以密斯为极端代表，将建筑完全用玻璃包装起来，令室内亦变成了"室外"。

康没有落入这个现代病的"陷阱"。对此，诗人T. S. 艾略特（T. S. Eliot）有精彩描述，"由分心中分心出来而造成的分心"（distracted from distraction by distraction）[1]。康的建筑中玻璃的用量已减到最少。玻璃的"原罪"在康的建筑艺术中得以"弥补"从而"改邪归正"：通过所谓"中间镂空的柱子"或内向合院，侧面的强烈日光经折射和柔化后进到屋内，与自上引入的天光对话。日光在室内的和谐象征了康通过建筑追求一系列动态的和平共处，如"个人独处与集体生活"，或"垂直伟岸的宇宙之轴与亲密的室内氛围"。康是通过其浪漫的恋古情结重返如此天人合一的境界。在室内空间和内心生活已几乎丧失殆尽的现代世界里，康几

1　参见T. S. Eliot, "Burnt Norton", in *Four Quartets*, Harcourt, Bruce and Company, 1943。

图76　维米尔,《音乐课》,1662年,油画,64.5 cm × 73.3 cm,英国伦敦白金汉宫藏

图77 埃西里科住宅室内

乎是一个一意孤行者。

倘若康从来就不是一个现代建筑师，那么柯布西耶则是早期现代建筑师中经历了人生转变的特例。这是一个从对自由和广袤空间的征服到隐退于内心世界的转变。在建筑上则表现为从对外展望拥抱的建筑物到容器般的房间的转化；这也是一个从建筑为纪念碑到置身于建筑之内的身心体验的转变。

在其大半职业生涯中，柯布西耶以建筑征服外部世界，似乎向来临危不惧。其实这只是他的公众形象。早在其名作萨沃伊别墅落成后不久，于1931年和1934年间，柯布既当开发商，又做建筑师，在巴黎近郊（NC路24号）建了一幢多层公寓。作为一个开发项目，柯布为此付出巨大经济代价。在七楼顶层柯布为自己和夫人伊冯娜（Yvonne）建了一个自宅。虽是顶层的"全景公寓"，柯布一反在萨沃伊别墅中的一系列经典现代建筑手法，十分谨慎而有选择地通过贴紧天花板的高窗引入日光（图78）。这简直与17世纪的荷兰绘画中的窗如出一辙。再加上一系列天窗和玻璃砖的使用，柯布自宅似乎由"内光"照亮。屋内随处可见尺度亲密，可供一个人独思或二人对话的角落空间。宅内的重要房间，如卧室、起居室、餐厅室和柯布本人的工作室，都由半圆形的桶拱覆盖。三十多年来，柯布每天早晨都在工作室作画和写作。这些房间如同岩洞一般，内向而封闭。柯布的自宅预示了他即将经历的一个人生观的缓慢转变，以及随之而来的一种迥然不同的建筑。

在1951年到1955年之间，柯布完成他一生中设计的最后一个私宅——铝合金制造商安德烈·焦（André Jaoul）和他的孩子的

图78　柯布西耶公寓自宅中的紧贴天花板和侧墙的高窗，
雷内·布里（Rene Burri）摄，1959年

双宅（图79）。两幢房屋呈相互垂直关系，各立门户。无论从何处而言，这幢住宅都与柯布早期名作萨沃伊别墅格格不入。用了粗质墙面，屋顶为古风质朴的"加泰罗尼亚"（Catalan）桶拱伴随清水混凝土、陶砖贴面、木质内装的家具以及传统的窗户，所有均是民间乡土风范。该宅，称为"焦宅"，与企图悬浮于空中的萨沃伊别墅相反，稳重而踏实地植根于大地之中。宅的室内亦是各种色彩斑斓的天然材质的交响曲。柯布通过窗子的组合，将日光调配，引入室内。换言之，该宅是一种艺术的围合。为此柯布曾深情地比喻，该宅欲将出去游荡的"蜗牛重返其壳居之内"[1]。法国哲学家巴什拉（Gaston Bachelard），若知悉柯布的焦宅，一定会称之为"亲密之宅"[2]，与此同时，伟岸向上的"宇宙之轴线"并未在焦宅中完全消失。

1965年8月，柯布在法国南部罗克布吕讷－卡普马丹（Roquebrune-Cap-Martin）自己设计的"小木屋"（Le Cabanon）里度过了人生最后一个独处的暑假，在附近海里游泳时永辞人世。"小木屋"以井干式原木构筑，仅有细小的点窗。这是一间仅供苦行僧住的原始棚屋，而非一个现代的透明取景仪。小木屋的尺寸和比例由柯布严格按照他自己发明的模数制推理出来。而这一切均隐藏在看

1　参见C. M. Benton, *Le Corbusier and the Maisons Jaoul*, Princeton Architecture Press, 2009, p. 147。

2　G. Bachelard, *The Poetics of Space*, Bencon Press, 1994, p. 12. 巴什拉警告道："房屋里太花哨就会掩灭其亲密感。"

图79 焦宅室内

似简单明了的结构体系后面，即一个3.66米见方，高2.26米的立方体。室内如修士之屋，极为简约：入口，一边是盥洗间，另一边是仅放有两张单人床的卧室；卧室内同时还有一个洗脸盆和一张小桌子。室内除了最简朴的博古架外，墙面、地板和天花板都以胶合板贴面。而小木屋的外观带有树皮的井干结构暴露无遗。小木桌，如同柯布一贯的设计，由独柱支撑，似悬于空中；小方凳即立方体块，无任何柔软的椅垫相配。日光经由几个小方窗和条窗渗入室内，令全木贴面的屋内似琥珀般发出神秘的内光（图80）。柯布在思考"原始棚屋"与几何美学的关系时曾感叹："难道有朝一日这个小木屋不会成为奉献给天神的罗马万神庙？"[1]

就在柯布小木屋不远之处，坐落着侨居法国的爱尔兰女设计师爱玲·格雷和让·巴多维奇（Jean Badovici）设计建造的"E1027别业"。据说柯布十分看重此宅，甚至有些嫉妒格雷的设计才华。有照片为证：在未经格雷的允许之下，柯布在E1027上涂鸦般地画上"格调庸俗"的壁画，并站在画前裸身拍照。柯布的行为令人难以捉摸：他是否被E1027的舒适感所吸引？格雷精心策划，令该宅中的每个角落、每件家具都呼应她个人的生活起居习惯和品位（图81）。柯布是否在表达鄙视建筑师对个人情趣和生活中家长里短的过分追求？我们永远不得而知。在巴黎色弗尔（de Sèvres）街35号柯布的建筑事务所里，建筑师为其本人搭

1　参见J. L. Cohen, *Le Corbusier*, Taschen Köln, 2004, p. 63。

图80　小木屋室内

图81　E1027室内

建了一个高2.26米的立方木屋，以便随时可从喧嚣撤离，暂时隐居其中。为什么像柯布这样，曾经只是醉心于广袤自由空间的现代建筑师，竟会经历第二次"人生洗礼"呢？

同在《浮生·建筑》一文中，笔者写到美国20世纪上半叶画家爱德华·霍普在室内场景中所描绘的现代人的窘状：在阳光充沛的屋内与外面的蓝天草原之间留去两难。在霍普的画中，与17世纪荷兰绘画迥然不同，遮挡光线和视线的窗帘自上往下拉，于是"天国之光"被刺目的阳光和远方的景致取而代之。与柯布不同，霍普从未做过彻底的现代人。在其三十年的画作中，阳光总是强暴般地侵入室内，画中人物恰似暴露在舞台上强烈的镁光灯下，全无亲密的角落可以藏身，于是痛苦地挣扎于室内室外之间的选择（图82）。外面的世界，就霍普看来，并非极乐的田园风光。美国作家约翰·厄普代克甚至认为霍普笔下那些窗外黄昏时摇曳的树枝"险恶而令人恐惧和躁动不安"（"menacing twilit trees""disturbing""faintly hectic"）[1]。到了20世纪60年代初期，霍普干脆将一群男女搬到室外，如同在戏院里排排坐，晒着太阳且目视远方枯黄的草原与黑洞洞的群山。霍普将该画取名为《阳光中人》（*People in the Sun*）。可是后排的男人却沉迷于手中的一本书里，全然不被远方无垠的自由空间所吸引（图83）。应该不尽为巧合吧，柯布也正是于20世纪中期潜心营造了巴黎的焦宅，以及

1　参见John Updike, *Still Looking: Essays on American Art*, Hamish Hamilton, 2005, pp. 198–199。

图82　爱德华·霍普，《晨光》(*The Morning Sun*)，1952年，油画，71.5 cm × 102 cm，
美国哥伦布艺术博物馆藏

图83　爱德华·霍普，《阳光中人》，1960年，油画，102.6 cm × 153.4 cm，
美国华盛顿史密斯森尼美国艺术博物馆藏

神秘莫测的朗香教堂。内化的朗香除了让凡人与上帝对话外，也令人探入自身的内心世界。

四　勉强的现代人？

以上对几个20世纪建筑师设计的住宅和几幅画作的解读，似乎展示了人类一种反复且任性的漫游：勇敢地涉足于无垠而自由的外部世界；风雨后重归故土与珍贵的内心世界。或许霍普最终未能重返家园，而仅是痛苦于昆德拉所谓"难以承受的存在之轻"的状态。巴黎的焦宅于柯布而言，确是风雨后的故园。在法国南部海边游泳时仙逝的柯布，想必是安详而知足的。

且让我们回到伍重的自宅里。伍重有一张广为流传的照片：在弗利兹别业的室外台基上，年迈的建筑师端坐于一把舒适的靠椅上，手搭凉棚遮于前额，目视远方的地中海。身后的房屋是可以独处沉思的"岩洞"，屋前的高台如航空母舰上的起飞跑道，前方即是可以展翅翱翔的自由世界。将安居之宅抛于身后，奋勇前行，游历于广阔空间，方是"现代精神"登峰造极之表现。于是法国作家福楼拜抨击住房为人类文明的一大悲剧，人本应仰躺在空阔的草原上眺望星空。[1] 然而伍重的展望，如霍普画中的人物，是打了折扣的；外部世界里刺目的眩光令其不适，于是手搭凉棚；舒适的靠椅同时让建筑师安于现状。若置身十中国合院，

1　参见本书《浮生·建筑》一文。

伍重的展望则为累赘。仅仅应对于天的中国式合院其实从未真正进到伍重的自宅里。然而令人好奇的是，伍重一生痴迷于林语堂浪漫化的中国式闲适生活。也许现代人无畏的游牧生活总是令伍重感到疲倦。于是我们不妨试问，在同时代的柯布西耶、巴拉干、霍普、康和格雷的行列中，伍重真想现代吗？

致　谢

本书中的文字原都由黄居正兄"约稿"而作。作者多年来疏于中文写作，如果没有居正的敦促，就不会有今天这本集子。本应将书献给居正，但又恐于落入钱锺书先生所谓"精巧地不老实"，因为书无论优劣都是作者本人的责任。于是谨以致谢三十多载的素友之谊。

东敏是初稿的第一读者，总是随读随质疑，随读随笔削。书稿从初版于期刊到修补增删成这本集子，有多少得益于东敏的把关，现在已无从考证。作者的奢望是，书出版后东敏仍然是读者。任何一个作者都希望有读者。但一个作者若希望他自己的孩了们将来也会成为他的读者，于书宓和书夷，就本书而言，不知是否是本作者不切实际的期望？

这本小书的付梓，承蒙马学强教授和商务印书馆上海分馆鲍静静总编辑的举荐，将此书列入"光启文库"随笔系列，我虽诚惶诚恐，竟也欣然接受了。原因之一是丛书名和笔者"光启讲席"冠名的吉利巧合，算是一点虚荣心的满足吧。原因之二是"中西比较"学海无涯，"光启"的旗帜应是对笔者的不断鞭策。与贺圣遂先生、鲍静静女士及责任编辑施帼玮的一次略带古希腊风的座谈会，让笔者感到相见恨晚。文字的表达更是受惠于编辑的专业技巧与职业素质。

杨明家、韩佳纹、李梦笔、马鹏飞和汪灏在不同阶段帮助整理书稿，为在打字和电脑技巧上先天不足的作者省去了许多麻烦。

作者直接或间接得益于其他学者和作者，在此只能一并致谢，以免挂一漏万。因为就职上海交通大学，令作者有机会在南洋学堂的旧土上完成了这本札记，以表对这所百年学府先人的敬意。地处遥远对跖之乡的悉尼新南威尔士大学为作者提供了多年的"学术庇护"，亦致谢。

光启随笔书目

《学术的重和轻》　　　　　　　李剑鸣 著

《社会的恶与善》　　　　　　　彭小瑜 著

《一只革命的手》　　　　　　　孙周兴 著

《徜徉在史学与文学之间》　　　张广智 著

《藤影荷声好读书》　　　　　　彭　刚 著

《凌波微语》　　　　　　　　　陈建华 著

《生命是一种充满强度的运动》　汪民安 著

《希腊与罗马——过去与现在》　晏绍祥 著

《面目可憎——赵世瑜学术评论选》赵世瑜 著

《中国的近代：大国的历史转身》罗志田 著

《随缘求索录》　　　　　　　　张绪山 著

《难问西东集》　　　　　　　　徐国琦 著

《诗性之笔与理性之文》　　　　詹　丹 著

《文学的异与同》　　　　　　　张　治 著

《西神的黄昏》　　　　　　　　江晓原 著

《思随心动》　　　　　　　　　严耀中 著

《浮生·建筑》　　　　　　　　阮　昕 著